Communication

全国信息通信专业咨询工程师继续教育培训系列教材

丛书主编 张同须 侯士彦

光通信技术与应用

高军诗 沈艳涛 王云 魏贤虎 李昶 张中平 冯克正
李伟强 陈烈辉 张传熙 李乐坚 著

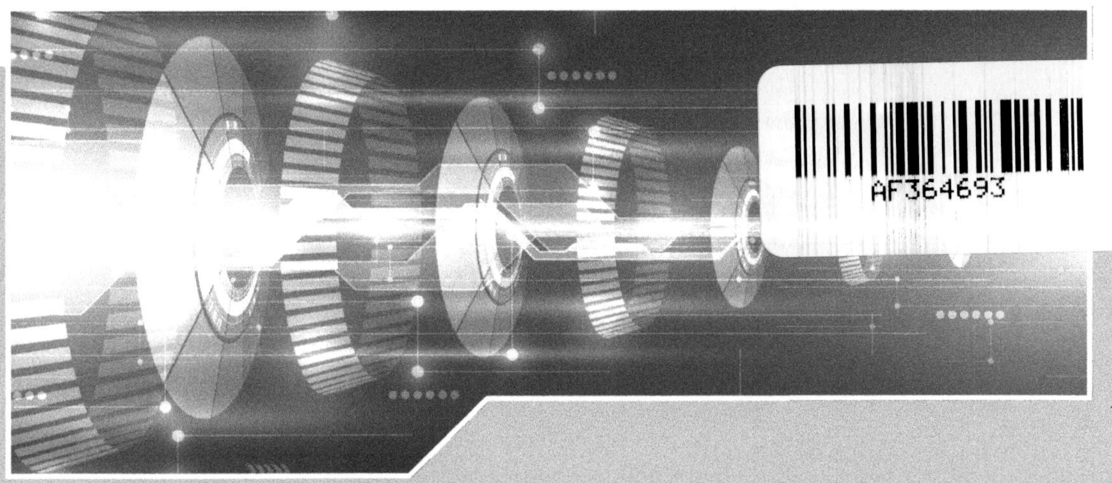

TECHNOLOGY AND APPLICATION OF OPTICAL COMMUNICATION

人民邮电出版社

北 京

图书在版编目（ＣＩＰ）数据

光通信技术与应用 / 高军诗等著. -- 北京 ：人民
邮电出版社，2016.7
全国信息通信专业咨询工程师继续教育培训系列教材
ISBN 978-7-115-41810-4

Ⅰ．①光… Ⅱ．①高… Ⅲ．①光通信－继续教育－教
材 Ⅳ．①TN929.1

中国版本图书馆CIP数据核字(2016)第089451号

内 容 提 要

本书旨在介绍光传送网中的主要通信技术及组网应用，内容涉及光纤光缆、WDM 技术、
SDH 技术、PTN/IP RAN 技术和 PON 技术，涵盖骨干传送网、城域传送网和有线接入网。
针对各类技术特点，结合实际网络应用，分章节描述各类技术在组网中的系统构成及关键
技术、组网及应用方案、未来发展趋势。本书兼顾网络架构与技术细节，融理论性，知识
性和实用性于一体，深入浅出地分析技术特点及应用方案，有助于通信专业技术人员全面、
系统地了解光通信网络的技术应用。

本书是全国信息通信专业咨询工程师继续教育培训系列教材的有线通信部分，也可作
为通信行业广大管理人员、技术人员及其他从业人员的参考学习资料。

◆ 著　　　　　高军诗　　沈艳涛　　王　云　　魏贤虎　　李　昶
　　　　　　　张中平　　冯克正　　李伟强　　陈烈辉　　张传熙
　　　　　　　李乐坚
　　责任编辑　　牛晓敏
　　责任印制　　彭志环

◆ 人民邮电出版社出版发行　　北京市丰台区成寿寺路 11 号
　　邮编　100164　　电子邮件　315@ptpress.com.cn
　　网址　http://www.ptpress.com.cn

　　印张：10　　　　　　　　　　2016 年 7 月第 1 版
　　字数：202 千字　　　　　　　2016 年 7 月河北第 1 次印刷

定价：56.00 元

读者服务热线：(010)81055488　印装质量热线：(010)81055316
反盗版热线：(010)81055315

全国信息通信专业咨询工程师继续教育培训系列教材

编　委　会

主 任 委 员

　　张同须　中国移动通信集团设计院有限公司院长

副主任委员

　　侯士彦　中国移动通信集团设计院有限公司副总工程师

委　　员

　　颜海涛　中国移动通信集团设计院有限公司规划所副所长
　　　　　　《信息通信市场业务预测与投资分析》编写组组长
　　高军诗　中国移动通信集团设计院有限公司有线所副所长
　　　　　　《光通信技术与应用》编写组组长
　　高　鹏　中国移动通信集团设计院有限公司技术部总经理
　　　　　　《无线通信技术与网络规划实践》编写组组长
　　吕红卫　中国移动通信集团设计院有限公司网络所所长
　　　　　　《核心网架构与关键技术》编写组组长
　　崔海东　中国移动通信集团设计院有限公司采购物流部总经理
　　　　　　《数据与多媒体网络、系统与关键技术》编写组组长
　　　　　　《IT 支撑系统与关键技术》编写组组长
　　侯士彦　中国移动通信集团设计院有限公司副总工程师
　　　　　　《通信电源供电及节能技术》编写组组长

陈　勋　中国联通网络技术研究院规划部主任
　　　　《信息通信市场业务预测与投资分析》编写组副组长

曾石麟　广东省电信规划设计院有限公司北京分院技术总监
　　　　《信息通信市场业务预测与投资分析》编写组副组长

沈艳涛　中国移动通信集团设计院有限公司有线所咨询设计总监
　　　　《光通信技术与应用》编写组副组长

王　云　广东省电信规划设计院有限公司综合通信咨询设计院副院长
　　　　《光通信技术与应用》编写组副组长

魏贤虎　江苏省邮电规划设计院有限责任公司网络通信规划设
　　　　计院副院长
　　　　《光通信技术与应用》编写组副组长

陈崴嵬　中国联通网络技术研究院网优与网管技术研究部主任
　　　　《无线通信技术与网络规划实践》编写组副组长

曾沂粲　广东省电信规划设计院有限公司电信咨询设计院院长
　　　　《无线通信技术与网络规划实践》编写组副组长

单　刚　华信咨询设计研究院有限公司副总工程师
　　　　《无线通信技术与网络规划实践》编写组副组长

甘邵华　中讯邮电咨询设计院有限公司郑州分公司交换与信息部总工程师
　　　　《核心网架构与关键技术》编写组副组长

彭　宇　华信咨询设计研究院有限公司移动设计院副院长
　　　　《核心网架构与关键技术》编写组副组长

余永聪　广东省电信规划设计院有限公司电信咨询设计院总工程师
　　　　《核心网架构与关键技术》编写组副组长

丁亦志　中国移动通信集团设计院有限公司网络所高级咨询设计师
　　　　《数据与多媒体网络、系统与关键技术》编写组副组长

倪晓熔　中国移动通信集团设计院有限公司网络所资深专家
　　　　《IT支撑系统与关键技术》编写组副组长

刘希禹　中讯邮电咨询设计院有限公司原电源处总工程师
　　　　《通信电源供电及节能技术》编写组副组长

程劲晖　广东省电信规划设计院有限公司建筑设计研究院副院长
　　　　《通信电源供电及节能技术》编写组副组长

序　言

作为曾在邮电通信战线战斗过的老兵，受通信信息专业委员会之邀为全国信息通信专业咨询工程师继续教育培训系列教材作序，欣然之情溢于言表。

2015 年 8 月，中国工程咨询协会启动了咨询工程师继续教育，这是工程咨询行业的一件大事，对于加强咨询工程师队伍建设，完善咨询工程师职业资格制度，促进工程咨询业健康可持续发展将发挥重要作用。

工程咨询是以技术为基础，综合运用多学科知识、工程实践经验、现代科学和管理方法，为经济社会发展、投资建设项目决策与实施全过程提供咨询和管理的智力服务。作为工程咨询的从业人员，咨询工程师需要具备广博、扎实的经济、社会、法律、技术、工程、管理等领域的理论知识和实践经验。随着我国经济社会的快速发展和改革开放的不断深入，国家及地方投资建设领域新的政策、法规、规范标准不断出台，工程咨询相关领域的新理论、新技术、新方法层出不穷，这些都要求咨询工程师努力适应日新月异的形势和市场变化，与时俱进，不断学习、掌握、了解各类新事物，为经济社会发展和各类投资主体提供更优质的、专业化的服务。

为配合行业继续教育的开展，中国工程咨询协会通信信息专业委员会以高度负责的精神，组织通信信息全行业的专家、精英，倾力编写出通信信息专业咨询工程师继续教育培训系列教材，内容全面、充实，反映了通信信息行业在技术、投资咨询等领域最新发展成果和未来发展趋势，对提高通信信息专业咨询工程师专业素质和能力必将起到积极作用。在此我对通信信息专委会和参与编写教材的专家学者表示衷心的感谢，对你们所取得的成果表示祝贺。

  咨询工程师队伍的素质和能力，决定着工程咨询的质量和水平，以及工程咨询业在经济社会发展中的地位。希望全国广大咨询工程师牢固树立终身教育的理念，积极参加继续教育，不断提高自身素质和能力，努力把工程咨询业发展成为学习创新型行业，真正成为各级政府部门和各类投资主体的智库和参谋。

中国工程咨询协会会长

2016 年 1 月

前　言

　　为建立健全咨询工程师（投资）职业继续教育教材体系，满足通信专业咨询工程师参加继续教育的需要，受中国工程咨询协会委托，中国工程咨询协会通信信息专业委员会组织编写了全国信息通信专业咨询工程师继续教育培训系列教材。该教材作为通信行业咨询工程师继续教育的专业培训用书，为本行业咨询工程师参加继续教育培训提供了必要的帮助。

　　全国信息通信专业咨询工程师继续教育培训系列教材共分7册：《信息通信市场业务预测与投资分析》、《光通信技术与应用》、《数据与多媒体网络、系统与关键技术》、《核心网架构与关键技术》、《IT支撑系统与关键技术》、《无线通信技术与网络规划实践》、《通信电源供电及节能技术》。本系列教材丛书出自通信行业各类专家之手，既有较深入的技术探讨，也有作者多年的最佳实践总结。课程内容紧密结合了工程咨询业务的实际需要，从体现更新知识、提高职业素质和业务能力的原则出发，尽量使教材内容具有一定的前瞻性，突出了内容的新颖和实用，平衡了基础知识与新技术更新方面的内容比例，使课程内容做到与公共课程的衔接，避免了内容重复交叉，且结合本专业特点对公共课相关内容加以细化、深化和延伸。

　　本系列教材的编写从起草到修编历时6年，历经国家相关政策的多次调整，在行业专业委员会各委员单位和行业专家的积极推动和鼎力支持下，终于出版了。广大通信行业咨询设计从业人员藉此有了一个更便捷的学习平台。在此我们要感谢中国工程咨询协会和中国通信企业协会通信建设分会相关领导和同志们的关心与指导，还要特别感谢所有参编单位的大力支持！他们是：中国移动通信集团设计院有限公司、广东省电信规划设计院有限公司、中讯邮电咨询设计院有限公司、江苏省邮电规划设计院有限责任公司、华信咨询设计研究院有限公司。

为传播优秀经验，推广创新技术，我们与人民邮电出版社合作出版此系列教材，希望此教材能为行业从业人员在职业生涯发展上提供一定的帮助与支持，为我国信息通信行业的大发展做出更大的贡献！

再次感谢积极组织、参加教材编写的各位领导和专家，感谢您们长期以来对中国工程咨询协会通信信息专业委员会广大会员的支持与关爱。相信在大家的共同努力下，我国信息通信事业的发展会取得更大的进步！

张同颂

中国移动通信集团设计院有限公司
中国工程咨询协会通信信息专业委员会
2016 年 1 月

目　录

第 1 章
有线通信概述

1.1　有线通信网络分层结构

有线通信网络是整个电信网的基础。传送网为整个网络承载的业务提供传输通道和传送平台，传送网包括有线传送网及无线传送网（以微波通信、卫星通信技术为基础），文中阐述的是基于有线通信技术的传送网。有线接入是综合业务宽带接入的主要手段。

我国的有线通信网络结构一般分为有线传送网和有线接入网，如图 1-1 所示。

其中有线传送网分为骨干传送网和本地传送网，而骨干传送网又分为省际干线传送网和省内干线传送网。

省际干线传送网主要是连接各省业务中心（一般设在省会）的网络，省内干线传送网主要是连接各地市的业务中心（一般是地市业务中心）的网络，而本地传送网就是覆盖整个本地辖区内的有线传送网络，一般分为核心层和汇聚层，这些网络主要部署在各运营商的局端机房。

有线接入网则是在本地传送网之下，从本地传送网到用户端设备之间的网络。

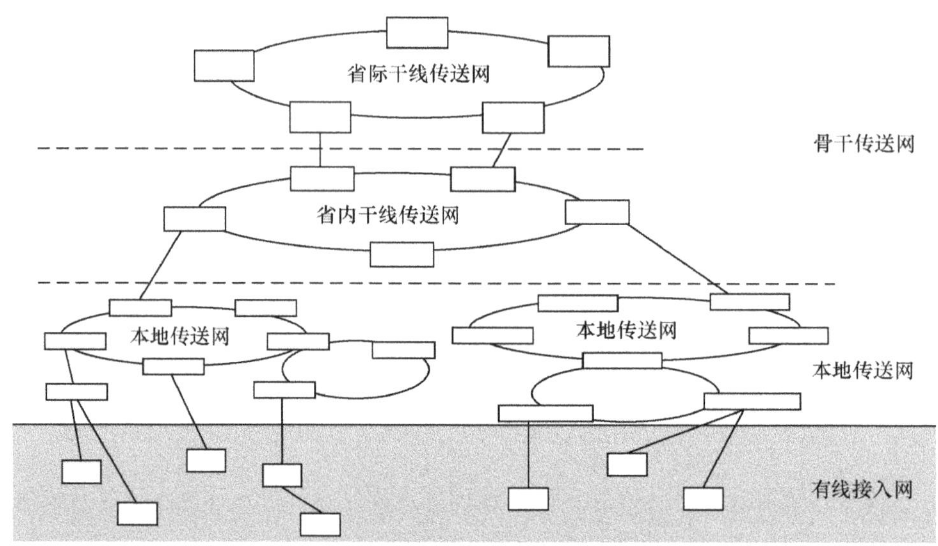

图 1-1　我国典型有线通信网络分层结构示意

有的运营商将本地传送网又称为城域传送网，后面的章节就不一一注释，以下主要介绍常用的有线通信技术及组网应用。

1.2　有线通信主要技术

有线通信技术多种多样，特别是光纤通信技术，有其巨大的频带资源和优秀的传输性能，成为目前最主要的有线通信技术。

从网络承载技术及应用上看，光传送网络主要分为传送物理网络（光纤光缆）、电层处理网络（SDH/PTN(IP RAN)）、光层处理网络（WDM/OTN）、接入网络（PON），这些网络可以独立承载业务，也可协同组网，组成了现阶段丰富灵活的传送网络，这些不同的网络层次及承载关系如图 1-2 所示。

从图 1-2 可以看出，光纤光缆是整个光通信技术的基础，其承载的传输系统经历了从 PDH（准同步数字系列）到 SDH（同步数字系列）的时分复用（TDM）技术的发展。随着通信容量需求的快速增长，在尽力提高系统速率的基础上，波分复用（WDM）技术开启了光纤通信技术应用的一次革命性变革，大容量 WDM 技术为解决通信容量问题提供了有效的手段。

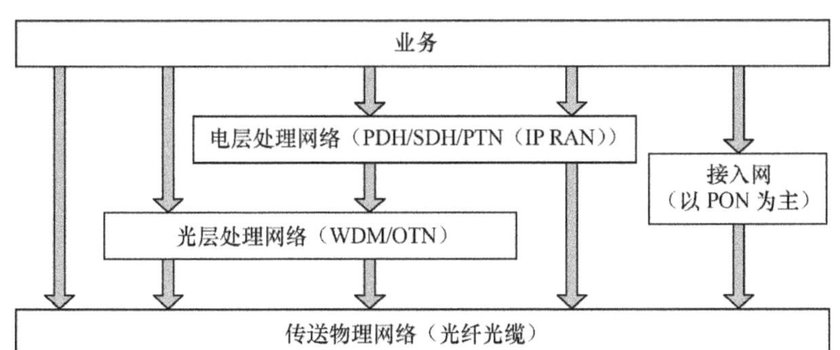

图 1-2　光传送网承载技术示意

OTN 是以波分复用技术为基础、在光层组织网络的传送网，它是狭义程度上的光传送网，是有线光传送网络的一个具体技术应用，是目前长途传送网采用的主要技术手段。OTN 概念涵盖了光层和电层两层网络，其技术继承了 SDH 和 WDM 双重优势，解决传统 WDM 网络调度能力差、组网能力弱、保护能力弱等问题，将传送网推进到真正的多波长光网络阶段。由于结合了光域和电域处理的优势，OTN 可以提供巨大的传送容量、完全透明的端到端波长 / 子波长连接以及电信级的保护，是传送宽带大颗粒业务的优选技术。

随着通信技术的快速发展，各种新技术、新业务的不断涌现，电信业从技术驱动向业务驱动发展，推动了有线传送网向更经济适用、灵活动态的方向发展，由此推出适应业务、靠近用户的分组传送网（PTN/IP RAN）和以无源光网络（PON）为主的用户接入技术。

1.2.1　SDH 与 MSTP 的关系

光传送网面向 IP 业务、适配 IP 业务的传送需求已经成为光通信下一步发展的一个重要议题。光传送网从多种角度和多个方面提供了解决方案，在兼容现有技术的前提下，由于 SDH 设备的大量应用，为了解决数据业务处理和传送问题，在 SDH 技术的基础上研发了 MSTP 设备，并已经在网络中大量应用，很好地兼容了现有技术，同时在一定程度上满足数据业务的传送功能。

MSTP（多业务传送平台）是一种能够针对多种业务特点进行处理的传送网节点设备，是 SDH 为适应数据业务交换而进行扩展的一项技术，通过灵活的业务适配，将不同颗粒的多种业务、多种协议映射到 SDH 帧结构中，并通过 SDH 网传送。在一个多业务平台上，有效地支持数据、语音和图像业务。伴随着电信网络的发展，MSTP 技术也在不断进步，主要体现在对以太网业务的处理上，经历了从支持以太网透传的第一代 MSTP、支持二层交换的第二代 MSTP 和当前支持以太网业务 QoS 的第三代 MSTP，但其核心技术仍是基于 SDH 交叉。

1.2.2　OTN 和 WDM/SDH 的关系

OTN 是光传送网，是由传统的波分技术演进而来，主要加入智能光交换功能，可以通过数据配置实现光交叉而不用人为跳纤，大大提升了波分设备的可维护性和组网的灵活性。同时，新的 OTN 也在逐渐向更大带宽、更大颗粒、更强的保护演进。

OTN 以 WDM 技术为基础，在超大传输容量的基础上引入 SDH 强大的操作、维护、OAM 能力，同时弥补 SDH 在面向传送层时的功能缺乏和维护管理开销的不足。OTN 使用内嵌标准 FEC，丰富的维护管理开销提高了误码性能，增加了光传输跨距。

1.2.3　PTN 和 IP RAN 的关系

两者都强调以太网技术特别是 L2/L3 技术的应用，主要应用于城域网，其核心是包交换技术。

PTN（Packet Transport Network）技术是分组化传送网技术的一种，是基于分组、面向连接的多业务统一传送技术，是 IP/MPLS、以太网和传送网三种技术相结合的产物，它能较好地承载电信级以太网业务，同时兼顾传统 TDM 业务，主要协议是 MPLS-TP，较数据网络设备减少 IP 层应用而多了开销报文，增加 L3 层协议的应用以满足 LTE 的回传要求。

IP RAN 是针对分组化基站回传进行优化定制的路由器 / 交换机传输方案，采用二层增强以太网与三层 IP/MPLS 相结合的技术方案，在城域核心层 / 汇聚采用 IP/MPLS 技术，以路由器架构为基础的 IP RAN 具备强大的路由能力。

对比 PTN 和 IP RAN 的保护机制，PTN 的保护机制更接近于传统传送网的倒换、恢复等机制，在网络部署、设备配置、系统维护等方面可延续原有的操作习惯，而 IP RAN 技术是从 IP/MPLS 转换而来，更贴近于 IP 网的网络部署、设备配置、系统维护等操作习惯。

1.3　有线通信发展

1.3.1　网络发展

传统的传输网络主要基于对电路交换业务的支持。随着业务的 IP 化，为了更好地适应业务的发展变化，传输网络正在由仅仅为电信业务经营者自身的业务网提供传输支撑的基础网，逐步发展为可以直接为客户提供资源出租业务的业务网。从网络结构的角度看，已有的分层网络结构已经不能适应业务动态灵活的电路调度需求，网络的扁平化已经成为趋势，由此带来了大容量、超长距和智能化的更高要求。

传统的网络扁平化有利于快速开展、调度业务，对用户需求响应更加及时，分层和分区逐步向综合统一的网络发展。如果从多专业综合角度考虑联合组网和设计网络，将使网络向更经济、更灵活动态的方向发展，更能适应业务的发展变化，使网络逐步向下一代网络演进。

电信业从技术驱动向业务驱动发展，导致网络的发展向更经济适用、灵活动态的方向发展，传统的严格分层（OSI 的 7 层协议）概念已经越来越淡化，传输设备正逐步向具有二层乃至三层功能发展，IP 业务服务正由"尽力而为"向具备高 QoS 的网络发展。

1.3.2　技术发展

（1）大容量能力

提高光纤通信系统容量的常用方法一般分为两种，一是提高单信道传输速率，即使用时分复用技术（TDM）；二是使用波分复用系统（WDM），扩充可用光谱。受到集成电路材料特性的制约和光纤色度色散、偏振模色散对高速传输的影响，传统的调制解调技术针对 TDM 单信道传输速率发展到 40Gbit/s 后遇到瓶颈，引入多相位调制及差分解调技术是 100Gbit/s 以上速率的有效解决方案。

波分复用技术的出现作为光纤通信技术的一次革命性变革，是光纤通信技术发展史上的一个里程碑。短短不到 20 年时间，系统容量记录不断刷新，目前 40/80×100Gbit/s 已在国内干线传输网中大量应用。

（2）超长距能力

大功率光放大器、拉曼放大器的出现，为增大无电再生中继距离创造了条件；同时，适用于长距离传输的线路码型（如 CS-RZ、RZ、QPSK 码等）、前向纠错技术（FEC 或增强型 FEC）、动态功率均衡、分布式色散管理等技术和新型光纤光缆的陆续出现，也极大地提高了传输性能。目前，超长距离密集波分复用系统还在不断取得技术进步。

（3）智能化能力

ASON 是利用独立的控制平面实施动态配置连接管理的网络，而过去传送网只涉及客户层信号的传送、复用、交叉连接、监控和生存性处理，通常不含交换功能，只具备较低的智能。智能光网络将 IP 技术的灵活和效率、SDH 的保护能力、WDM 的容量，通过分布式网管系统有机地结合在一起，形成以软件为核心的能感知网络和用户服务要求，并能按需直接从光层提供服务的新一代光网络。

作为下一代传送网的传送层面，ASON 的目标就是为了满足下一代网络的传送需求。扩展分组技术，能够提供包括电信业务在内的多种业务，在业务相关功能与传送层相关功能分离的基础上，能够利用多种宽带、有 QoS 支持能力的传送技术等方面的特征，满足从分组到波长的传送需求。同时利用高速率、大容量的传送技术提供充足的带宽资源支持多种业务；具有端到端的业务等级和透明的传输能力；引入控制平面，解决网络智能性和动态性的结合，同时提供与传统网络互通的能力。

（4）多业务能力

作为基础平台的光传送网，应从传统的"承载网络"向"业务网络"演进，与业务密切结合，更好地适应业务的发展变化，由仅仅是为电信业务经营者自身的业务网提供传输支撑的基础网，逐步发展为可以直接为客户提供资源出租业务的业务网，能够提供各种颗粒、各种等级要求的业务支持。这种演进以现有传送网的光层网络为基础，引入分组技术，实现无缝融合。既保护了运营商的原有投资，又把富有潜力的光网络发展成能够高度自主地应对业务需要，经济有效，可在光层上直接为全网提供端到端服务的新一代光网络。

（5）光层组网能力

目前，传送网上采用的系统多是点到点系统，适用于以话音业务为主的业务模式。随着分组业务越来越占据主导，为适应分组业务，需要建立任意点到点的连接，构建网状网将是比较适合的选择。这就要求传送网不仅能提供大容量、高带宽、长距离传输，还应该能够提供对多业务的快速接入和自身的光层保护能力，实现波长自动配置、动态分配，以适应数据业务的突发性和不可预见性。

光层组网目前存在一些缺点，首先是光波转换器的成本很高；其次是颗粒太大，一般都在 2.5Gbit/s 以上，在现阶段全光网难以实现。但是，用全光交换取代光 / 电转换，以波长选择路由实现透明网络，都是效率和业务在实现方式上的极大进步，可以解决目前网上仅有的点到点系统尚未在光层形成网络能力的问题，并已经有了一些商用化的产品。但从目前技术成熟程度和市场情况来看，大规模全光网络的建设尚需等待时机。

1.3.3　多种技术的融合发展

随着数据业务颗粒的增大和对处理能力更细化的要求，业务对传送网提出了两方面的需求：一方面传送网要提供大的管道，这时广义的 OTN 技术（在电域为 OTH，在光域为 ROADM）提供了新的解决方案，解决了 SDH 基于 VC-12/VC-4 的交叉颗粒偏小、调度较复杂、不适应大颗粒业务传送需求的问题，也部分克服了 WDM 系统故障定位困难，组网能力较弱，能够提供的网络生存性手段较弱等；另一方面业务对光传送网提出了更加细致的处理要求，业界也提出了分组传送网的解决方案，涉及的主要技术包括 MPLS-TP 和 IP/MPLS 等。

随着网络业务对带宽的需求越来越大，运营商和系统制造商一直在不断考虑改进业务传送技术的问题。

数字传送网的演化从最初的基于 PDH 第一代数字传送网，发展到基于 WDM/SDH 的第二代数字传送网，演进到了以 OTN/PTN/PON 为基础的第三代数字传送网。第一、二代传送网最初是为支持话音业务而专门设计的，虽然也可用来传送数据和图像业务，但是传送效率并不高。相比之下，第三代传送网技术，从设计上就支持话音、数据和图像业务，配合其他协议时可支持带宽按需分配（BoD）、可裁剪的服务质量（QoS）及光虚拟专网（OVPN）等功能。

现阶段传输技术产品也在多样化，传输技术自身的融合、传输技术与其他领域技术的互相借鉴也催生新产品的出现。

（1）POTN

分组光传输网络（POTN）是一个新的名词，一般认为会被用于本地 /城域网。POTN 包括两个层面的含义：从狭义的角度理解，是指 PTN 和 OTN 的有效融合，重点涉及 ODUflex 技术。从广义的角度理解，是指对现有 OTN 进行改造，使得 OTN 适应业务层面的分组化。主要技术特点是引入了任意比特率的映射方式 GMP；引入了 ODU0、ODU2e、ODU4 等新的容器以适应 1GbE、10GbE 以及 100GbE 透明传送；引入了 ODUflex 以应对其他任意恒定比特率业务的传送；定义单级复用架构，可以在电层实现灵活 ODU 调度等。这些技术，本质上还是侧重在 OTN 的网络层面范畴。

因为 OTN 可对各种类型的业务流进行透明传输，被认为是替代 SONET/SDH 的最好传输容器。分组数据和 SONET/SDH 并列，都作为 OTN 的客户，从城域网的要求出发，很显然 OTN 需要增加通道提供机制，以及操作、管理和维护方法，这就引出了面向连接的分组传输 POTN。

（2）SDN

软件定义网络（Software Defined Network，SDN）是一种新型的网络架构，旨在构建一种新型的网络开放生态系统，简化网络架构，提升网络性能效率。其设计理念是将网络的控制平面与数据转发平面进行分离，并实现可编程化控制。其中，应用层包括各种不同的业务和应用；控制层主要是网络操作系统，负责处理数据平面资源的编排，维护网络拓扑、状态信息等；基础设施层负责基于流表的数据处理、转发和状态收集。SDN 包括 3 个基本特征：控制与转发分离、逻辑上的集中控制、开放 API。

下一代传送网向 SDN 演进，构造以 T-SDN 为基础的新一代传送网成为传送网技术发展的方向。但由于传送设备涉及大量光模拟信号的处理，同时兼具网络设备复杂、规模大、电信级业务保证等客观因素，导致 T-SDN 技术实现难度比在其他领域更大。

实际上目前传送网的 ASON 技术可以看作是 T-SDN 的一个子集，逐渐融合发展。在实际网络应用中可以基于 SDH/PTN（IP RAN）/OTN 的传送平面之上提供控制平面技术，后面章节中以基于 SDH 传送平面为例对 ASON 进行介绍。

有线通信技术面临着多种技术的融合和发展，通信技术人员不仅应关注有线通信传送网和接入网本身的技术演进和发展，还需关注业务对于有线通信基础网络的需求，做到有线通信基础网络与业务层面的协调统一。

思 考 题

1. 简述我国的光缆线路网络结构。
2. 简述有线通信技术发展方向。

第2章
光纤通信线路技术

2.1 光纤技术的发展及特点

2.1.1 光纤技术的发展

光纤通信技术是 20 世纪 60 年代才开始发展起来的高新技术，它和计算机技术的高速发展给人类带来了新的技术革命，彻底改变了人类生活方式。

早在 1966 年，英籍华人高锟博士根据介质波导理论提出了光纤通信的概念，并在论文中明确提出：①光纤可实现超高速通信；②利用带有包层材料的石英玻璃光纤对光能的损失可小于 20dB/km，因而可作为通信媒质。

1970 年，美国康宁公司首次研制出在波长为 630nm 处的衰减系统中小于 20dB/km 阶跃折射率的多模光纤。随着光纤制造工艺中原材料的提纯，制棒和拉丝技术不断提高，到 1973 年，将波长在 $0.8 \sim 0.85\mu m$ 的梯度折射率多模光纤的衰减系统降低到 4dB/km，为实现光通信奠定了基础。

1976 年，在进一步设法降低玻璃中的 OH^- 含量时，发现光纤的衰减在长波长区有 1310nm 和 1550nm 两个窗口。同年，美国在华盛顿至亚特兰大成功进行了世界上第一个 45Mbit/s 速率传输 110km 的光纤通信系统的现场试验，使光纤通信向实用化迈出了第一步。

1980 年，原材料提纯和光纤制备工艺得到不断完善，加快了光纤传输窗口由 850nm 移至 1310nm、1550nm 的进程，特别是制造出低衰减光纤，在 1550nm 的衰减系统为 0.20dB/km，已接近理论值。

我国自 20 世纪 70 年代初也开始了光通信技术的研究，1977 年研制出了我国第一根阶跃折射率分布多模光纤，在 850nm 波长的衰减系数为 3dB/km。

1983 年，武汉市话中继光缆系统（13.5km、0.85μm、多模 3.5dB/km、8Mbit/s）正式投入电话网使用，标志着中国光纤通信走向实用化阶段。

1985 年，我国建成了第一条采用直埋方式敷设的 G.652 单模光纤光缆，开通了速率为 140Mbit/s 的 PDH 长途光纤数字传输系统。

1987 年，我国光纤光缆工业性实验项目通过国家级验收，标志着光纤、光缆的科技成果已开始形成生产力。

1988 年起，我国开始了大规模的光纤通信系统建设。截至 2000 年年底，形成了以"八横八纵"格状结构为主的一级干线光缆网络。

2006 年，电信业务运营者提出"光进铜退"的技术演进策略，网络实现了以"窄带 + 铜缆"为主向以"宽带 + 光纤"为主的转变。

2012 年，国务院提出实施"宽带中国"战略，编制了住宅区和住宅建筑物内光纤到户通信设施设计规范和验收规范，光纤光缆向用户端的覆盖迅速推进。

2.1.2　光纤的主要特点

光纤通信为什么发展得如此快速？因为与电缆和微波等通信方式相比，光纤通信主要有以下特点。

2.1.2.1　通信频带极宽，通信容量大

光纤的传输容量很大，其本征带宽达 240GHz。一根光纤理论上可以同时

传输近 100 亿路电话和 1000 万路电视节目。根据目前实用化的水平，每对光纤单波长传输速率达 100Gbit/s，相当于传 1209.6 万路电话信号，比 3600 路中同轴电缆的通信容量高 3360 倍。目前工程中采用波分复用技术后，设备制造商可以提供 80×100Gbit/s 的成熟应用。

2.1.2.2　传输衰减小，传输距离长

目前的石英光纤在 1550nm 波长的衰减系数已小于 0.20dB/km，传输衰减很低，光纤通信的最大光中继距离在 200km 以上，而过去 3600 路中同轴载波电话系统的增音段距离仅为 6km。因此，使用光纤不仅可大大节约工程建设成本，而且能提高可靠性和稳定性。

2.1.2.3　抗电磁干扰，传输质量高

由于光纤通信使用的光载波频率很高，不会受到雷电、电离层变化、太阳黑子活动、电动马达干扰、高压电力线以及无线电波等的干扰影响。因此，光通信从根本上解决了电通信长期困扰的问题，大大地提高了传输质量。

2.1.2.4　信号串扰小，保密性好

光纤通信与电通信不同之处是：光波是被限制在光纤中传播，即使在转弯处弯曲半径很小时，漏出光纤的光波也是十分微弱。实际上，光纤中的光波是不会泄漏出来的，因此在电通信中常见的线路之间的串音现象，在光纤通信中并不存在，光纤通信的保密性非常高。

2.1.2.5　光纤尺寸小，重量轻

由于光纤的纤芯很细，纤芯直径只有 125μm，光缆的直径也很小，8 芯光缆的直径约为 10mm。因此，过去敷设一条电缆需占用地下管道一个管孔，现在一个管孔可敷设 3 ～ 5 条光缆，不仅节省了地下空间资源，也节省了工程建设成本。光缆的质量比电缆轻得多，例如，18 管中同轴电缆重量是

11kg/m，而 18 芯光缆重量仅为 90g/m，为施工运输带来极大方便。

2.2 光　　纤

2.2.1 光纤的基本知识

2.2.1.1 光纤的导光原理

光在同一媒质中传播时是直线传播。但是当光线照射到两种具有不同折射率的介质之间的界面上时，一部分光线被反射了，一部分光线被折射了。当入射角大于等于临界角时，在光疏介质中没有对应的折射光线存在，这些光线在界面上全部被反射回光密介质中，这种现象称为全内反射。由此可知，全内反射只能发生在光由光密介质入射到光疏介质的界面上，对于圆柱形光波导，如果使中心部分的折射率高于外包层的折射率，则可以将满足全内反射的光控制在芯层内，并反复不断地被反射前进，如图 2-1 所示。光就在这样的光波导中被传播到较远的地方，这就是光纤之所以能传光的基本原理。满足这种折射率结构的主要光波导就是石英玻璃光纤，其纵切面结构如图 2-1（a）所示，模截面如图 2-1（c）所示。

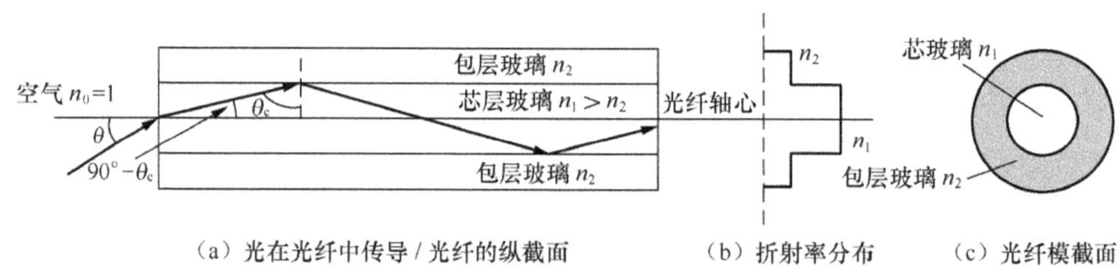

图 2-1　光在光纤中传播示意

现在常用的光纤折射率 $n_1 \approx 1.467$，由此可推导出光纤中的光速（c_1），见公式（2-1）。

$$c_1 = \frac{c_0}{n_1} = \frac{300000\text{km/s}}{1.467} \approx 204\text{km/ms} \tag{2-1}$$

一般认为光在光纤中传播的速度约为 200km/ms，1000km 的传输时间为 5ms。

2.2.1.2　光纤的结构

光纤是由折射率较高的纤芯和包围在纤芯外面折射率较低的包层组成的光传输媒质，为防止光纤断裂和增强光纤机械强度，在包层外涂覆塑料保护套（涂覆层）。光纤结构如图 2-2 所示。

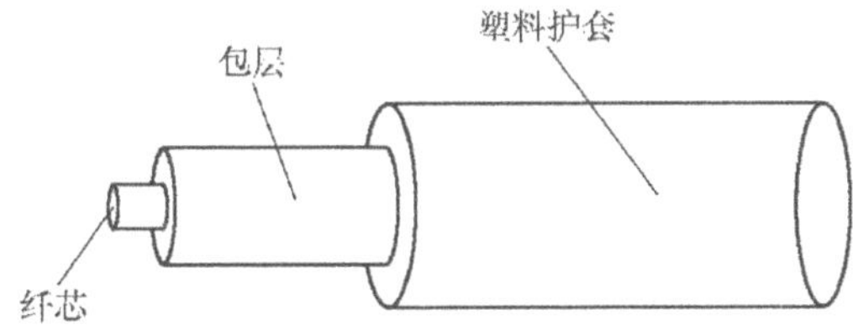

图 2-2　光纤的结构

上述所讲的光纤结构是非常简单的几何尺寸的结构，实际上光纤的纤芯非常复杂。就光纤的折射率分布而言，为满足不同的传输系统要求，人们设计了不同种类的光纤，每一种光纤都具有其特有的折射率分布类型。

2.2.2　光纤类型

2.2.2.1　光纤的分类

国际电信联盟（ITU-T）和国际电工委员会（IEC）对光纤有不同的分类方法和表示代码。

ITU-T 根据光纤的模式、色散、截止波长和适用场景的不同，将光纤分为 G.651 多模光纤、G.652 非色散位移单模光纤、G.653 色散位移单模光纤、G.654 截止波长位移单模光纤、G.655 非零色散位移单模光纤、G.656 宽带传输非零色散位移光纤和 G.657 接入网用弯曲衰减不敏感单模光纤七类。

IEC 按光纤所用材料、折射率分布形状、零色散波长等因素，将光纤分为 A、B 两大类，其中 A 类多模光纤分类详见表 2-1，B 类单模光纤分类详见表 2-2。

表 2-1　多模光纤分类

类别	材料	类型	折射率分布指数 g 极限值
A1	玻璃芯 / 玻璃包层	梯度折射率光纤	$1 \leqslant g < 3$
A2.1	玻璃芯 / 玻璃包层	准阶跃折射率光纤	$3 \leqslant g < 10$
A2.2	玻璃芯 / 玻璃包层	阶跃折射率光纤	$10 \leqslant g \leqslant \infty$
A3	玻璃芯 / 塑料包层	阶跃折射率光纤	$10 \leqslant g \leqslant \infty$
A4	塑料光纤		

表 2-2　单模光纤分类

类别	特点	零色散波长标称值（nm）	工作波长标称值（nm）
B1.1	非色散位移光纤	1310	1310 和 1550
B1.2	截止波长位移光纤	1310	1550
B1.3	波长扩展的非色散位移光纤	1300 ～ 1324	1310、1360 ～ 1530、1550
B2	色散位移光纤	1550	1550
B4	非零色散位移光纤	<1530，>1625	1530 ～ 1625
B5	宽带传输非零色散位移光纤	<1450	1460 ～ 1625
B6	接入网用弯曲衰减不敏感单模光纤	<1260	1310 ～ 1625

在不同的技术文件中或产品技术标准中都经常出现不同表示方法，表 2-3 为 ITU-T 和 IEC 对各类单模光纤分类代码的对照表，供参考使用。

表 2-3　ITU-T 和 IEC 对各类单模光纤的符号表示对照

光纤名称	国际标准组织	
	ITU-T	IEC
非色散位移单模光纤	G.652A、G.652B	B1.1
波长扩展的非色散位移单模光纤	G.652C、G.652D	B1.3
色散位移单模光纤	G.653A、G.653B	B2
截止波长位移单模光纤	G.654B、G.654C	B1.2-b、B1.2-c
非零色散位移单模光纤	G.655C	B4-c
	G.655D	B4-d
	G.655E	B4-e
宽带光传输非零色散位移单模光纤	G.656	B5
接入网用弯曲衰减不敏感单模光纤	G.657A、G.657B	B6

2.2.2.2　常用的光纤

上述已列举了光纤的全部种类，下面仅介绍现在网上常用的 G.651、G.652、G.655、G.657 和色散补偿 5 种光纤。

（1）多模光纤（G.651）

① 各种子类的结构参数

如图 2-3 所示，有两种不同折射率分布结构的多模光纤。目前常用的多模光纤多数采用纤芯折射率梯度型分布的结构，常用的梯度折射率分布的 A1 类多模光纤的结构尺寸参数见表 2-4。

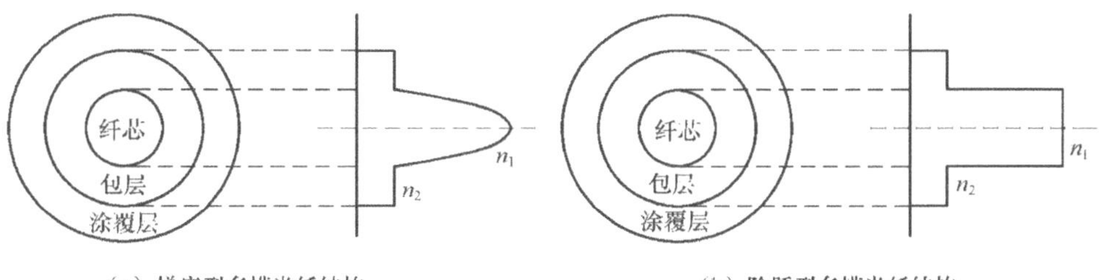

图 2-3　多模光纤结构

表 2-4　A1 类多模光纤的结构尺寸参数

光纤类型	A1a	A1b	A1d
纤芯直径（μm）	50±3	62.5±3	100±5
包层直径（μm）	125±2	125±2	140±4
芯 / 包同心度误差（μm）	≤ 3（国标：≤ 1.5）	≤ 3（国标：≤ 1.5）	≤ 6
纤芯不圆度（%）	≤ 6	≤ 6	≤ 6
包层不圆度（%）	≤ 2	≤ 2	≤ 4
涂覆层直径（未着色）（μm）	245±10	245±10	245±10
涂覆层直径（着色）（μm）	250±15	250±15	250±15
筛选应力（GPa）	0.69	0.69	0.69
数值孔径	0.2±0.02 或 0.23±0.02	0.275±0.015	0.26±0.03 或 0.29±0.03

② 传输性能及应用场合

A1a、A1b 和 A1d 三个子类光纤的传输性能及应用场合见表 2-5。

表 2-5　三种梯度型多模光纤的传输性能及应用场合

光纤种类		A1a	A1b	A1d
芯 / 包直径（μm）		50/125	62.5/125	100/140
工作波长（μm）		0.85、1.30	0.85、1.30	0.85、1.30
最大衰减（dB/km）	850nm	≤ 2.4 ~ 3.5	≤ 2.8 ~ 3.5	≤ 3.5 ~ 7.0
	1300nm	≤ 0.7 ~ 1.5（国标：0.55 ~ 1.5）	≤ 0.7 ~ 1.5（国标：0.6 ~ 1.5）	≤ 1.5 ~ 4.5
最小模式带宽（MHz·km）	850nm	≥ 200 ~ 800	≥ 100 ~ 900	≥ 10 ~ 200
	1300nm	≥ 200 ~ 1200	≥ 200 ~ 1000	≥ 100 ~ 300
应用场合		数据链路、局域网	数据链路、局域网	局域网、传感网等

（2）G.652 单模光纤

G.652 单模光纤又叫非色散位移单模光纤，其零色散波长为 1310nm，衰减最小波长为 1550nm，但有较大的正色散。G.652 光纤是我国应用最广泛的单模光纤，其工作波长既可选 1310nm，也可选 1550nm。当工作波长为 1310nm 时，光纤色散很小，衰减约为 0.36dB/km，10Gbit/s 速率以下传输系统的传输距离一般只受光纤衰减所限制；在 1550nm 波长工作时，其衰减约为 0.20dB/km，色散系数为 18ps/（nm·km），对于长距离传输，需考虑色散的影响。

G.652 光纤有 A、B、C、D 四个子类，其中 C、D 两类又可称为全波光纤，与 A、B 类光纤的最大区别是其抑制了 1380nm 附近的水峰，工作波长扩大到 1310 ～ 1625nm。A 与 B 及 C 与 D 的区别详见表 2-6。

表 2-6　G.652 单模光纤和光缆特性

光纤参数		G.652			
		A	B	C	D
模场直径（μm）	1310nm	（8.6 ～ 9.5）±0.6			
包层直径（μm）		125±1			
纤芯同芯度差（μm）		≤ 0.6			
包层不园度（%）		≤ 1			
光缆光纤截止波长（nm）		≤ 1260			
筛选应力（Gpa）		≥ 0.69			
宏弯损耗（dB）（30mm 半径，100 圈）	1550nm	≤ 0.1			
	1625nm		≤ 0.1	≤ 0.1	≤ 0.1
色散系数（ps/nm・km）	$\lambda0_{min}$	1300nm			
	$\lambda0_{max}$	1324nm			
	$S0_{max}$	0.092			
光缆参数					
衰减系数最大值（dB/km）	1310nm	0.5	0.4	0.4	0.4[1]
	1550nm	0.4	0.35	0.3	0.3
	1625nm		0.4	0.4	0.4[2]
	注 1：1310 ～ 1625nm 波长段最大衰减系数不大于 0.4dB/km 注 2：1380nm 波长衰减系数不大于 0.4dB/km				
偏振模色散系数（ps/$\sqrt{km}$）	M（cable）	20			
	Q	0.01%			
	最大 PMD_Q	0.5	0.20	0.5	0.20

（3）G.655 非零色散位移单模光纤

G.655 非零色散位移单模光纤是针对 G.653 色散位移单模光纤的缺陷而研发生产的，由于 G.653 在 1550nm 窗口零色散会引发在波分复用（WDM）技术中产生四波混频，导致信道间发生串扰，不利于解决多信道 WDM 系统的问题。G.655 光纤的模场直径标准和 1550 ～ 1625nm 波段的色散要求比较宽容，不同的制造商可能取不同的组合。因此，应用中应特别注重不同厂商光纤的有效截面和色散取值。G.655 光纤又派生了 A、B、C、D、E 五个子类，其主要区别见表 2-7。

表 2-7　G.655 非零色散位移光纤和光缆特性

G.655 光纤特性						
光纤子类		A	B	C	D	E
模场直径	波长（nm）	1550nm				
	标称范围（μm）	8～11				
	容差（μm）	±0.6				
包层直径	标称值（μm）	125				
	容差（μm）	±1				
截止波长最大值（nm）		1450				
试验应力（GPa）		0.69				
纤芯同心度误差最大值（μm）		0.8			0.6	
包层不圆度最大值		2.0%			1.0%	
微弯损耗	半径（mm）	30				
	圈数	100				
	1550nm 最大值	0.5dB				
	1625nm 最大值		0.5dB		0.1dB	
色散系数（ps/nm·km）	$\lambda_{\min}\&\lambda_{\max}$	1530～1550	1530～1550			
	$D_{\min}$ 最小值	0.1	1.0			
	$D_{\max}$ 最大值	6.0	10.0			
	$D_{\max}-D_{\min}$	≤5.0				
		正或负色散	正或负色散			
	$D_{\min}(\lambda)$：1460～1550nm	$\frac{7.00}{90}(\lambda-1460)-4.20$			$\frac{5.42}{90}(\lambda-1460)+0.64$	
	$D_{\min}(\lambda)$：1550～1625nm	$\frac{2.97}{75}(\lambda-1550)+2.80$			$\frac{3.30}{75}(\lambda-1550)+6.06$	
	$D_{\max}(\lambda)$：1460～1550nm	$\frac{2.91}{90}(\lambda-1460)+3.29$			$\frac{4.65}{90}(\lambda-1460)+4.66$	
	$D_{\max}(\lambda)$：1550～1625nm	$\frac{5.06}{75}(\lambda-1550)+6.20$			$\frac{4.12}{75}(\lambda-1550)+9.31$	

（续表）

G.655 光纤特性					
光纤子类	A	B	C	D	E
光缆参数					

衰减系数 （dB/km）	1550nm	≤ 0.35			≤ 0.35dB/km	
	1625nm	—			≤ 0.4dB/km	
PMD 系数	M（cable）	20			20	
	Q	0.01%			0.01%	
	$\mathrm{MaxPMD_Q}$（$ps/\sqrt{km}$）	0.5			0.2	

（4）G.657 接入网用弯曲衰减不敏感单模光纤

随着光纤进入家庭（FTTH）的实施，由于接入环境复杂，施工困难，需要抗微弯性能良好的光纤光缆。因此，ITU-T 标准组于 2006 年发布 G.657 单模光纤光缆标准的第一个版本，经 2009 年、2012 年二次制订形成目前最新版本 V3.0。G.657（10/2012）规范了接入网用弯曲衰减不敏感单模光纤光缆特性，是在 G.652 光纤的基础上开发的一个光纤新品种。这类光纤最主要的特性是具有优异的耐弯曲特性。它的几何、物理和传输性能要求见表 2-8。G.657 光纤分 A、B 两大类，A、B 两大类与 G.652 光纤能够完全兼容使用；按照最小弯曲半径进行区分，弯曲等级分别由 1、2、3 代表，对应的最小弯曲半径分别为 10mm、7.5mm 和 5mm，并据此将 G.657 光纤分成 A1，A2，B2，B3 四个子类。

表 2-8　G.657 接入网用弯曲衰减不敏感单模光纤和光缆特性

特性参数		G.657A	G.657B
模场直径 1310nm	μm	（8.6 ～ 9.5）±0.4	
包层直径	μm	125±0.7	
芯 / 包同心度误差	μm	≤ 0.5	
包层不圆度	%	≤ 1.0	
光缆截止波长	nm	≤ 1260	

（续表）

特性参数		G.657A				G.657B					
筛选应力	GPa	$\geqslant 0.69$									
色散系数	$\lambda 0_{min}$	1310nm				1250nm					
	$\lambda 0_{max}$	1324nm				1350nm					
	$S0_{max}$	$0.092ps/nm^2 \times km$				$0.11ps/nm^2 \times km$					
宏弯损耗最大值	子类	A1		A2			B2			B3		
	弯曲半径	15	10	15	10	7.5	15	10	7.5	10	7.5	5
	弯曲圈数	10	1	10	1	1	10	1	1	1	1	1
	1550nm：（dB）	0.25	0.75	0.03	0.1	0.5	0.03	0.1	0.5	0.03	0.08	0.15
	1625nm：（dB）	1.0	1.5	0.1	0.2	1.0	0.1	0.2	1.0	0.1	0.25	0.45
光缆特性											
衰减系数（dB/km）	$1310 \sim 1625nm$	$\leqslant 0.40$				$\leqslant 0.40$					
	$1383 \pm 3nm$	$\leqslant 0.40$				$\leqslant 0.40$					
	1550nm	$\leqslant 0.30$				$\leqslant 0.30$					
	1625nm					$\leqslant 0.40$					
PMD_Q 系数（ps/$\sqrt{km}$）	M=20cable Q=0.01%	$\leqslant 0.20$				$\leqslant 0.50$					

（5）色散补偿单模光纤

随着光放大器的应用，衰减已不是制约光纤通信系统传输距离的主要因素，而色散却严重制约了常规单模光纤工作波长由 1310nm 向 1550nm 升级扩容。为解决这一实际的问题，业界研制出了色散补偿单模光纤。

当常规单模光纤系数工作波长由 1310nm 升级扩容至 1550nm 波长工作区时，其总色散呈大的正色散值，通过在该系统中加入一段负色散光纤，即可抵消几十千米常规单模光纤在 1550nm 处的正色散，从而实现高速率、远距离、大容量传输。色散补偿光纤的加入给系统带来的衰减完全可由光纤放大器给予补偿，色散补偿单模光纤的性能及应用场合见表 2-9。

表 2-9　色散补偿单模光纤的性能及应用场合

性能	模场直径（μm）	截止波长（nm）	零色散波长（nm）	工作波长（nm）	衰减系数（dB/km）	色散系数（ps/nm·km）
要求值	1550nm：6	≤ 1260	>1550	1550	1550nm：≤ 1.00	1550nm： -150 ～ -80
应用场合	这种光纤的优点是在 1550nm 工作波长范围有很大的负色散，用于系统在此工作范围内进行色散补偿					

注：在高速率的传输系统中光纤和设备共同组成传输系统，光纤的色散是一个制约因素，色散补偿单模光纤的应用提供了一种解决方案。但随着设备厂商在编码及调制方面新技术的应用，对光纤的色散影响又提供了另外的解决思路，大大放宽了光纤的色散要求。不同技术阶段的发展，光纤色散和衰耗的影响瓶颈呈现交替变换的迹象，这在后面的有线通信传输技术中会有所描述。

2.2.3　光纤的结构参数

不同种类的光纤既有共同的几何尺寸参数，又有各自特有的光学、物理参数和传输性能参数。例如，多模光纤主要有纤芯直径、包层直径、纤芯和包层同心度误差、不圆度（包括纤芯不圆度和包层不圆度）、数值孔径（NA）和光纤的机械强度等。单模光纤主要有模场直径、包层直径、同心度误差、包层不圆度、微弯损耗、截止波长、色散系数和光纤的机械强度等。

2.2.4　光纤传输特性参数

下面着重介绍制约传输系统的几个主要参数：光纤衰减、色散、偏振模色散和非线性。

2.2.4.1　衰减

光纤衰减是光纤中光功率减少量的一种量度，它取决于光纤的工作（波长）类型和长度。光纤衰减定义为：光以某一波长（λ）通过距离为 L 的两个截面 1 和 2 之间的衰减 A（λ），见公式（2-2）。

$$A(\lambda) = 10\lg\frac{P_1(\lambda)}{P_2(\lambda)}(\text{dB}) \qquad\qquad (2\text{-}2)$$

其中：$P_1(\lambda)$ 表示在波长为 λ 时，通过光纤横截面 1 的光功率；

$P_2(\lambda)$ 表示在波长为 λ 时，通过光纤横截面 2 的光功率。

（1）**衰减系数**

对于均匀损耗的光纤，可以用单位长度的衰减，即衰减系数反映光纤衰减性能的好坏。衰减系数 $a(\lambda)$ 定义见公式（2-3）。

$$a(\lambda) = \frac{A(\lambda)}{L} = \frac{10}{L}\lg\frac{P_1(\lambda)}{P_2(\lambda)}(\text{dB/km}) \qquad\qquad (2\text{-}3)$$

其中：L 表示截面 1 和 2 之间的光纤长度，单位是 km；

$a(\lambda)$ 为波长 λ 处的衰减系数，$a(\lambda)$ 值与选择的光纤长度无关，单位为 dB/km。

（2）**衰减谱**

衰减系数随波长变化的曲线称为衰减谱，能直观且形象地反映出在一定波长范围内整个光纤长度上衰减的信息，如图 2-4 所示。

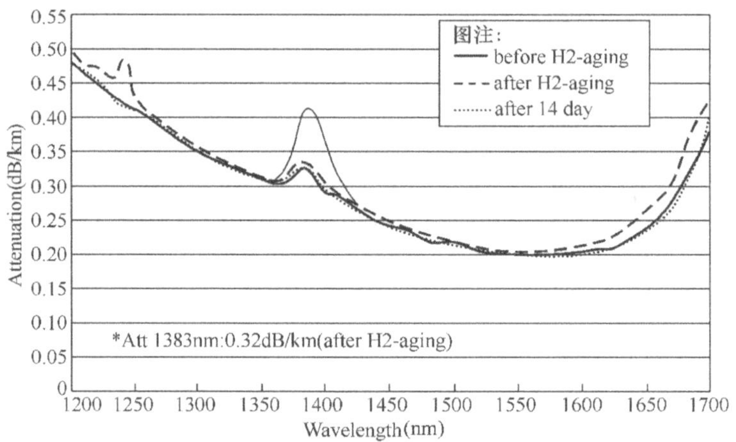

图 2-4　石英玻璃光纤的衰减谱

2.2.4.2　色散

由于光纤中传输的光信号是由不同频率成分和不同模式成分的光携带

的，这些不同频率成分和不同模式成分的光信号传输速度不同，经过一定距离的光纤传输后，会使光脉冲信号发生展宽。当脉冲展宽到前后沿相互重叠时，就会形成码间串扰，导致通信系统产生误码，这就限制了光信号的传输距离，这种现象称为色散。

光纤的色散主要有模式色散、材料色散和波导色散。单模光纤由于只传输基模（LP01）一个模式，故不存在模式色散，总色散由材料色散和波导色散组成。

2.2.4.3　偏振模色散

偏振与双折射是单模光纤特有的问题。偏振模色散（Polarization Mode Dispersion，PMD）是光纤中光传输基模（LP01）的两个相互正交的 X 偏振模和 Y 偏振模（如图 2-5 所示）在光纤中传输时，由于光纤的制造过程中产生纤芯和包层的不对称，存在几何结构的不均匀（如不园度误差）、玻璃表面的应力和外在的各种作用力（如压力、弯曲、扭转及光缆连接）时，会引起显著的双折射和模耦合，从而产生较大的偏振模色散（PMD）。双折射是由于玻璃的折射率沿光波传播方向的（微小）变化而引起两个偏振模的传播速度不同，因而导致接收端合成信号的展宽。模耦合是指两个偏振模之间信号能量的相互转换而引起延迟和脉冲的扩展。这两个相互垂直的偏振模在单位长度中的时间差就是偏振模色散，其单位为$\mathrm{ps}/\sqrt{\mathrm{km}}$。

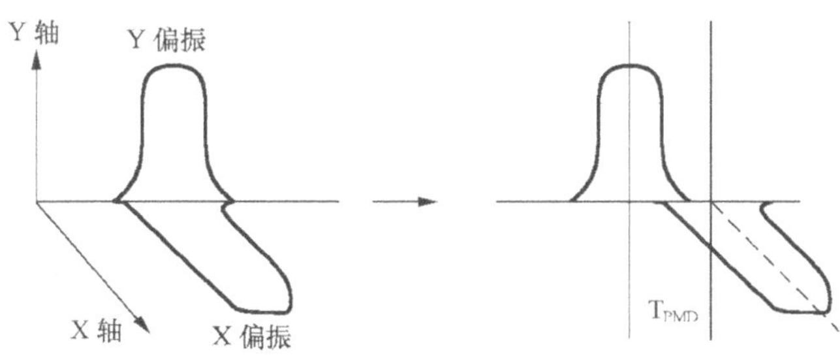

图 2-5　两个正交偏振态的分离

偏振模色散具有随机性，这与具有确定性的波长色散不同，其值与光纤制作工艺、材料、传输线路长度和应用环境等因素密切相关。因此，偏振模色散指的是（统计）平均值。

偏振模色散主要受到高速率传输系统的影响。特别是当光纤通信系统单信道传输速率在 40Gbit/s 或以上时，已成为限制光纤通信系统传输速率和距离的一大障碍。

2.2.4.4　光纤的非线性

在长距离光通信中，随着大功率半导体激光器及光纤放大器的采用，特别是在 EDFA+DWDM 的大容量、高速率、远距离光纤通信系统中，光纤中传输的工作信道多、光功率大。当光功率增加到一定程度时，光信号与光纤传输媒介间的非线性交互现象（各种光纤的非线性效应）会产生。如不加以适当抑制，这些非线性效应可能对系统性能产生不利的影响，并限制中继距离。

光纤中的非线性效应包括散射效应和克尔效应。散射效应包括受激布里渊散射（SBS）和受激拉曼散射（SRS）等；克尔效应即与折射率相关的非线性效应，包括自相位调制（SPM）、交叉相位调制（XPM）、四波混频效应（FWM）。其中四波混频、交叉相位调制对系统影响严重。

对于高速率光纤通信系统设计，必须综合考虑光纤的衰减、色度色散、色散斜率、偏振模色散及光纤的非线性对系统的影响。在实际工程中，首先分别考虑单个因素，把它所限制的光传输距离计算出来，最后综合分析，选择出它们能共同满足的距离长度作为设计的上限。

2.3　光　缆

2.3.1　光缆的定义

光缆是一定数量的光纤按照一定方式组合缆芯，外包有护套，有的还包覆外护层，用于保护光纤，实现光信号传输的一种通信线路。

2.3.2　光缆的结构

光缆的结构可分为缆芯和护层两大部分。

2.3.2.1　缆芯

缆芯位于光缆中心、是光缆的主体。其作用是妥善安置光纤，使光纤在一定外力的作用下仍能保持优良的传输性能。缆芯的基本结构如图 2-6 所示，可分为层绞式、骨架式和中心束管式三种基本结构。

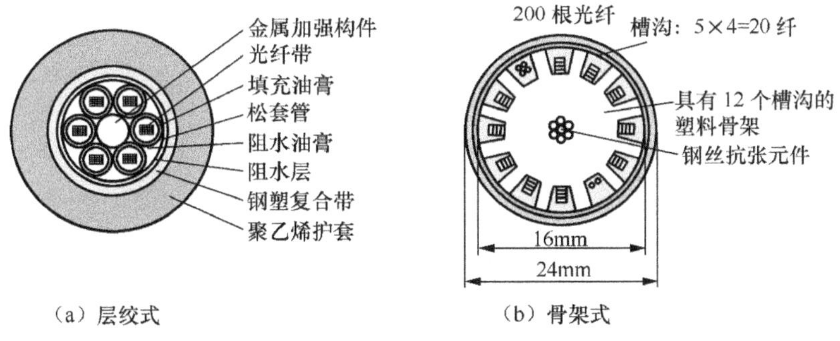

图 2-6　光缆结构截面

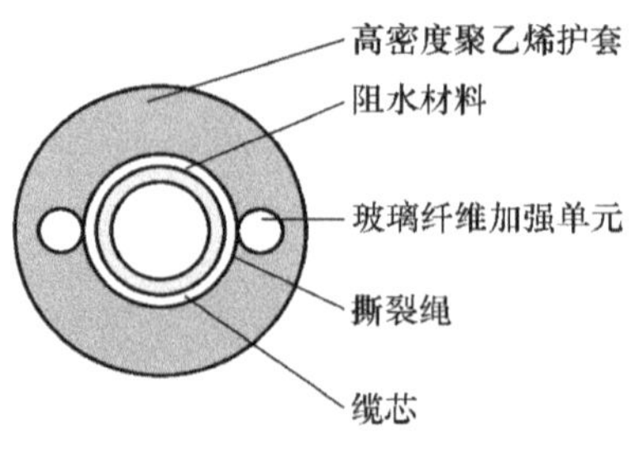

（c）中心束管式

图 2-6　光缆结构截面（续）

（1）缆芯中的光纤

缆芯由光纤、加强构件、填充材料等构成。其中缆芯中的光纤结构可采用如图 2-7 所示的紧套光纤、松套光纤或带状光纤三种基本结构之一。

紧套光纤是在预涂覆光纤周围涂上一层软缓冲层后，再紧套一层被覆层，形成紧套结构。软缓冲层主要用来降低侧压力。

松套光纤是把预涂覆光纤经着色之后，直接放在一个软管或骨架上的凹槽之中，并在软管或骨架上的凹槽填充石油膏，形成松结构，利用软管或骨架上的凹槽避免侧压力或纵向力的影响。

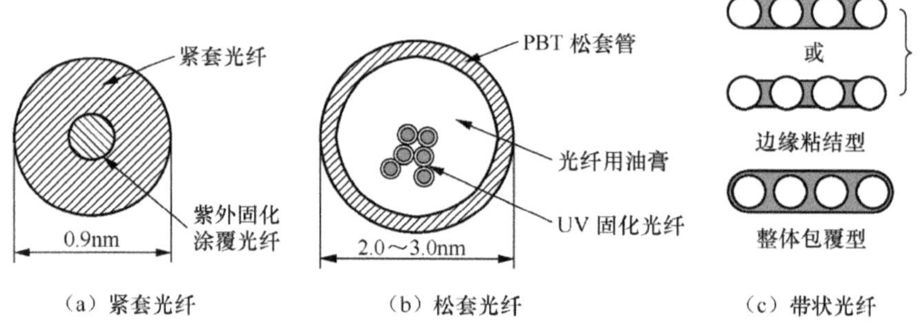

图 2-7　缆芯中光纤的三种基本结构

带状光纤（光纤带光纤）是通过粘结材料把光纤集合成一个组合的线性阵列，根据粘结材料用量的多少，光纤带的典型结构分为边缘粘结型和整体包覆型两种类型。粘结材料应紧密地与光纤一次涂覆层粘结成一体。带状光纤根据用户要求，带中可包含 4 芯、6 芯、8 芯、10 芯、12 芯、24 芯、36

芯或更多芯的光纤。光纤带中的光纤应平行排列不得交叉，相邻光纤应紧挨，中心应保持平直，彼此互相平行和共面。

（2）**加强构件**

光缆中的加强构件是光缆的一个重要组成部分，加强构件主要用于承受机械拉伸负荷。光缆有两种放置加强构件的方式：一种是放置在缆芯中部的中心加强构件方式，常用于层绞式和骨架式结构，另一种是放置在护层内的外周加强构件方式，多用于中心束管式结构。

对加强构件的基本要求是具有高杨氏模量、高强度、低膨胀系数和一定的柔软性。目前可考虑的材料有钢丝、经过定向处理的聚脂单丝、纺伦纤维、玻璃增强塑料（FRP）。

（3）**填充材料**

为了提高光缆的防潮性能，在光缆的纤芯空隙中注满填充物（油膏）。填充物必须能保证在 60℃时不滴出，在光缆允许的最低工作温度环境下，不使光缆的低温弯曲特性恶化。

2.3.2.2　护层结构

护层位于缆芯的外围，主要用于保护缆芯，由护套与外护层组成。

常用的光缆护套属于半密封性的粘结护套。它由双面涂塑的铝带（PAP）或钢带（PSP）在缆芯外纵包粘结构成。除为缆芯提供机械保护外，主要是阻止潮气或水进入缆芯。

经纵包铝带粘结护套后的光缆，可直接敷设于管道内或架空安装。经纵包钢带粘结护套后的光缆，可用于直埋。

外护层多用于需要铠装的场合，它为光缆护套提供进一步的保护。通常在直埋、爬坡、水底、防鼠啮咬等场合下需要对光缆装铠，铠装有涂塑钢带、不锈钢带、单层钢丝、双层钢丝等不同种类，有时还采用尼龙铠装（防白蚁）。钢带、钢丝铠装层外需加上外护层以保护金属铠装免遭腐蚀。

2.3.3　光缆的分类

　　光缆的分类一般可根据光缆结构、敷设方式、特殊适用环境等方法进行划分。按敷设方式分为：直埋光缆、架空光缆、管道光缆、水底光缆等。按特殊使用环境分为：高压输电线用光缆、防雷光缆、防蚁光缆、防鼠光缆等。在实际应用中，通常会根据光缆的敷设方式和使用环境去称谓光缆的名称，下面仅介绍按光缆的敷设方式和特殊使用环境划分光缆。

2.3.3.1　按光缆的敷设方式划分

　　按光缆的敷设方式不同，光缆可划分为直埋光缆、架空、管道光缆、水底光缆。由于敷设方式不同，对光缆外护层结构及机械性能要求也不同，见表 2-10。

表 2-10　不同敷设条件的光缆机械性能

敷设方式	拉伸强度（N）		抗侧压强度（N/100mm）	
	工作时	敷设时	工作时	敷设时
管道、架空	600	1500	800	1000
直埋	1000	3000	1000	3000

　　水底光缆的光缆机械性能较直埋光缆有更高的要求，如图 2-8 所示。

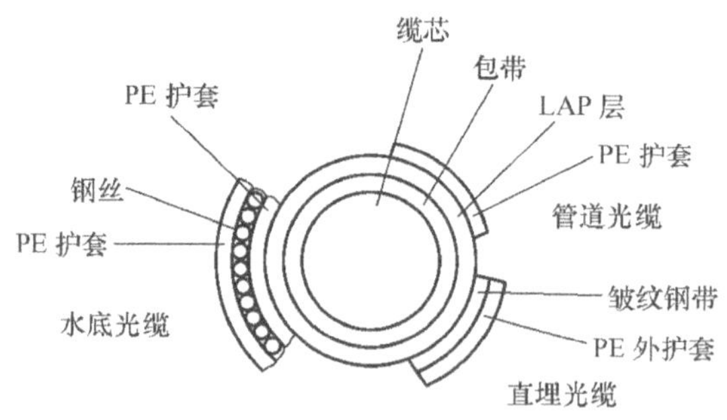

图 2-8　三种光缆护层结构

2.3.3.2　按光缆特殊使用环境划分

按光缆特殊使用环境的不同，可将光缆分为防白蚁光缆、防雷光缆、室内用非延燃光缆、高压输电线用光缆、室外抢修用应急光缆、路面微槽光缆、气吹用微缆、光电混合缆、下水道用光缆以及防鼠咬光缆等。

（1）**防白蚁光缆**

防白蚁光缆主要应用于白蚁多发且不适宜采用毒地法保护措施的地段。防白蚁光缆是在普通的直埋光缆外再挤包一层防蚁护套，防蚁材料一般采用聚酰胺 11（简称尼龙 11）、聚酰胺 12（简称尼龙 12）或聚烯烃共聚物。

（2）**防雷光缆**

光纤具有不导电性，可以免受雷电冲击电流。但是为提高光缆的强度，通常光缆中需采用金属加强或铠装措施。光缆遭受雷击主要是由于光缆中含有金属加强构件和金属档潮层，防雷光缆就是采用非金属构件取代金属构件组成的光缆。中心加强件采用玻璃纤维增强塑料（FRP）、档潮层采用绕包非吸湿性包带（聚脂包带）。

（3）**室内光缆**

它主要应用于大楼内的局域网中或作为室外光缆线路的室内引入光缆，要求光缆必须具有非延燃性，要求外护套采用低烟无卤材料。

（4）**高压输电线用光缆**

高压输电线用光缆目前有全介质自承架空光缆（ADSS）、复合架空地线光缆（OPGW）、架空地线缠绕式光缆（GWWOP）三大类，以及复合架空相线光缆（OPPC）、金属自承式光缆（MASS）和相／地线捆绑光缆或相／地线缠绕光缆（ADL）等几种特种光缆。高压输电线用光缆的分类见表 2-11。下面仅介绍主要的 ADSS、OPGW 和 GWWOP 三大类。

表 2-11　电力架空光缆的分类

序号	光缆名称	材料分类	安装形式	主要使用场合
1	光纤复合地线	金属光缆	（电力线）复用型	新建线路或替换原有地线或相线
2	光纤复合相线			
3	金属自承光缆		（杆塔）添加型	老线路通信改造，在原有杆塔上架设
4	全介质自承光缆	介质光缆		
5	捆绑光缆		（电力线）附加型	老线路通信改造，在原有电力线上加挂
6	缠绕光缆			

① 全介质自承架空光缆

这种光缆专为自承式悬挂在高压输电线路铁塔上而设计的。由于高压输电线路铁塔跨距达几百米甚至上千米，因此对 ADSS 光缆的抗拉强度要求特别高。全介质自承架空光缆只靠中心的加强构件——玻璃纤维增强塑料棒做抗拉构件是不够的，必须在其缆芯周围绕包一定数量的芳纶纤维，以增加抗拉强度。

当 ADSS 光缆架设在电压高过 220kV 的输电线路时，光缆的护套 PE 料要使用耐电晕老化的 PE 料，否则外护套会在高压电感应下发生电晕放电及电龟裂效应。

② 复合架空地线光缆

复合架空地线光缆是集通信和接地功能于一体的结。光纤是套在不锈钢微管内，成绞架空地线时，将不锈钢管置于 OPGW 的中心，其周围绞绕一层或多层铝包钢（或铝合金）线。OPGW 的抗拉强度决定于绞绕的铝包钢（或铝合金）线的直径和根数，这种不锈钢管置于 OPGW 中心位置的优点是有利于保护管子，其缺点是不锈钢管内光纤的余长受到限制。

③ 架空地线缠绕式光缆

架空地线缠绕式光缆与 ADSS 一样，都具有高压电感应下发生电晕放电及电龟裂效应。不过，由于缠绕式光缆缠绕在金属导体上（地线或相线），其光缆外套上感生的电荷有部分会通过上述金属导体放掉，所以缠绕式光缆的电晕放电及电龟裂效应要比 ADSS 弱。

（5）应急光缆

应急光缆主要用于光缆线路故障抢修时应急使用，一般是轻巧的单芯或双芯光缆，具有直径细、重量轻、可反复快速放出 / 收回的特点。

（6）路面微槽光缆

路面微槽光缆是直接在混凝土或沥青等坚硬路面开创小型槽道，将光缆浅埋进路面。开槽的宽度一般不超过 10cm，小的甚至只有 2 ～ 3cm。由于其对原路面破坏性小、施工方便、施工成本低，因而颇受关注。这种光缆需要有较好的抗侧压能力及良好的温度性能。

（7）气吹用微缆

气吹用微缆主要适用于在已安装好的微管中，采用气吹法施放，气吹用微缆有钢管结构微型光缆和全介质结构微缆。钢管结构微型光缆采用密封的不锈钢管作为护套，将纤芯放于钢管中，在钢管外再施加一层发泡的 HDPE 护层。当采用全介质时，也称为无金属微缆。由于相同芯数情况下，这种光缆的外径要比普通光缆细，因此简称微缆。

（8）光 / 电混合缆

光 / 电混合缆是指将电话铜线对或铜馈电线放入光缆缆芯中做成光 / 电混合缆。除中心束管式外，可将光 / 电混合缆做成层绞式和骨架式，光 / 电混合缆多用在既需要进行光信号传输，又要进行电信号监控或需要直流远供电源的环境。

（9）下水道（雨水道）应用光缆

这种光缆可直接敷设于下水道或雨水管道中，有自承式和吊挂式两种。吊挂式需利用专门的金具及吊线布放好后，再将光缆固定于吊线上；自承式则利自光缆自身的加强构件作为吊线。在国外，一般利用机器人或水流喷射的方法敷设，这种光缆需要有良好的耐腐蚀、防鼠、防水性能及较为优秀的弯曲特性。

（10）防鼠光缆

目前比较通用的光缆防鼠啮咬的方法，是在护套料中添加辣味剂、使用多层护套铠装和绕包玻璃纤维纱等方法，添加辣味剂一定程度上影响生产人员和施工人员的身体健康，二是辣味剂在长期环境中从护套料中迁移并挥发，难以保证含辣味剂光缆护套料的防鼠效果和有效时间。使用多层护套铠装将增加光缆造价和施工困难。绕包玻璃纤维纱是近几年的开发成果，它是在缆芯外纵包一层铝塑复合带并挤上 PE 内护层后，再左向、右向各绕包一层玻璃纤维纱并挤上 PE 中护套和一层防鼠防白蚁保护的尼龙外护层。不仅达到了轻型光缆的目的，而且同时达到防鼠、防白蚁的效果。

主要光缆护层结构的选择一般应符合表 2-12 规定。

表 2-12　主要光缆护层结构的选择要求

敷设方式	光缆护层结构的选择要求
直埋光缆	PE 内护层 + 防潮铠装层 +PE 外护层，或防潮层 + PE 内护层 + 铠装层 +PE 外护层，宜选用 GYTA53、GYTA33、GYTS、GYTY53 等结构
管道（包括硅芯管）/ 架空光缆	防潮层 +PE 外护层，宜选用 GYTA、GYTS、GYTY53、GYFTY 等结构
架空光缆	防潮层 +PE 外护层，宜选用 GYTA、GYTS、GYTY53、GYFTY、ADSS、OPGW 等结构
水下光缆	防潮层 + PE 内护层 + 钢丝铠装层 +PE 外护层，宜选用 GYTA33、GYTA333、GYTS333、GYTS43 等结构
局内、室内光缆	防潮层 + 非延燃材料外护层结构，宜选用 GJTAZ 等结构
防蚁光缆	直埋光缆结构 + 防蚁外护层，宜选用 GYTA54、GYTA34、GYTS04、GYTY54 等结构
防鼠光缆	直埋光缆结构 + 防鼠外护层，宜选用 GYPTA53、GYPTA33、GYPTS、GYPTY53 等结构

2.4　光缆线路网

光缆线路网是构成光传输网的基础网，它不仅影响各种业务网的可靠性，而且影响传输网络的生存性。

2.4.1　光缆线路网的构成

光缆线路网应包括长途线路、本地线路和接入线路，其网络构成如图 2-9 所示。

图 2-9　光缆线路网参考模型

长途线路是连接长途节点与长途节点之间的通信线路。长途线路网是由连接多个长途交换节点的长途线路形成的网络，为长途节点提供传输通道。

本地线路是连接本地节点（业务节点）与本地节点、本地节点与长途节点之间的通信线路（中继线路）。本地网光缆线路是一个本地（城域）交换区域内的光缆线路，提供业务节点之间、业务节点与长途节点之间的光纤通道。

接入线路是连接本地节点（业务节点）与通道终端（用户终端）之间的通信线路。接入网线路是提供业务节点与用户终端之间的传输通道，包括光缆线路和电缆线路。接入网光缆线路构成如图 2-10 所示。

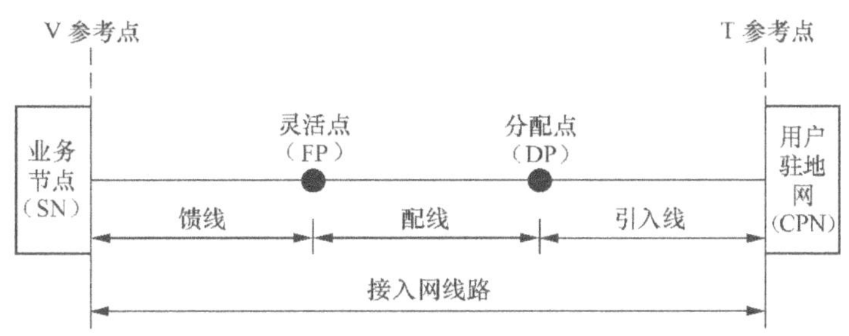

图 2-10　接入网光缆线路结构示意

2.4.2　网络结构与配纤方法

典型的光缆网络一般采用分层结构，长途线路网和本地线路网一般采用环型网或链型网结构，接入网一般采用星／树型结构。

接入网比较复杂，因为它是从综合业务接入点连接到无数个具有各种不同业务需求的终端节点的光纤线路，要面对各种应用用户或系统。但其覆盖区域一般不会太大，通常主要采用星／树型结构，对于需要连接部分专线用户、重要用户、对可靠性要求高的用户可采用环型结构。归纳起来主要有以下三种配纤方法。

2.4.2.1　树型递减直接配纤法

树型递减直接配纤法是接入用户的配线光缆直接从主干（馈线）光缆中引出，光缆的芯数从局端起向远端节点（远端分纤箱）逐级递减，如图 2-11 所示。

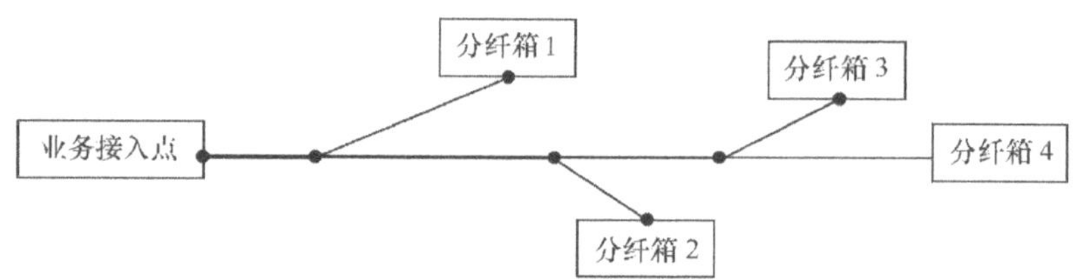

图 2-11　树型递减直接配纤法

2.4.2.2　树型无递减直接配纤法

树型无递减直接配线法与树型递减直接配线法的结构大体相似，如图 2-12 所示。从局端到光缆交接箱、从一个光缆交接箱到另一个光缆交接箱之间的馈线光缆芯数无递减，配线光缆从光缆交接箱中引出。

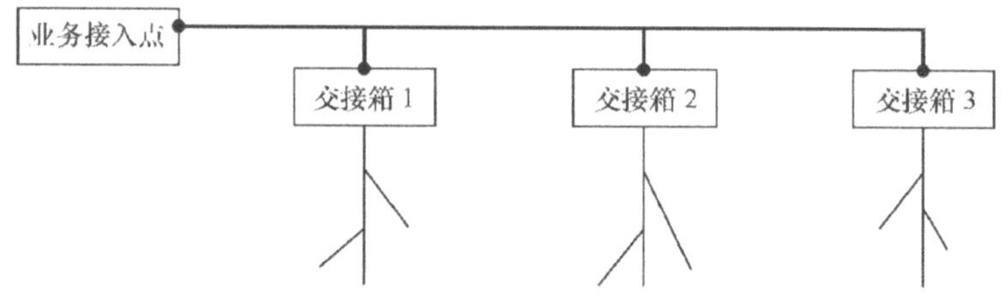

图 2-12　树型无递减直接配线法

2.4.2.3　环型无递减交接配纤法

环型无递减交接配纤法是光缆闭合成环的无递减交接配纤法，如图 2-13 所示。

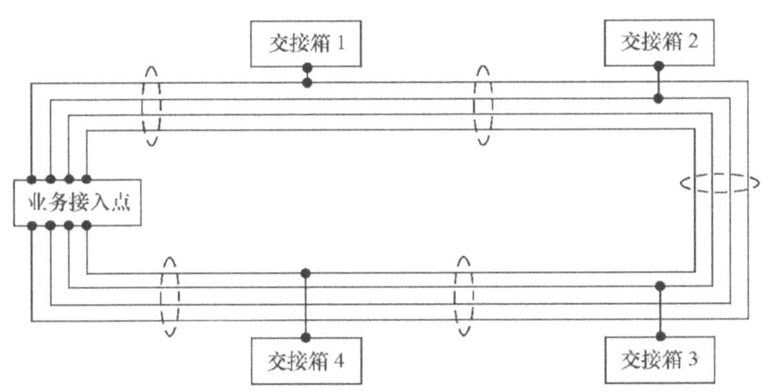

图 2-13　环型无递减交接配纤法

2.4.3　用户光纤引入线

在 FTTH 系统中，用户引入线是从 DP（GB 5086 国标中定义为用户接入点）到用户家居内 ONT 之间的一段光纤线路，是接入网中瓶颈之瓶颈，因此，为实施"宽带中国"战略，制订了 GB 50846—2012《住宅区和住宅建筑内光纤到户通信设施工程设计规范》，其目的要实现多个电信业务经营者能平等进入住宅区和住宅建筑内的用户接入点、用户能自由选择电信业务经营者。

用户接入点根据不同的住宅建造类型进行设置，低层、多层、中高层和高层住宅建筑按 300 户设置一个用户接入点；别墅区按 120 户设置一个用户接入点。用户接入点到 ONT 的距离按最大不超过 300m，给定的最大衰减不超过 0.4dB。用户接入点必须满足多个电信业务经营者能平等进入，用户能自由选择电信业务经营者的需求进行建设。

2.5　光纤通信线路技术发展趋势

光纤光缆是有线传输系统的基本媒介，光纤光缆跟随着传输技术的演变和传输工程应用技术的不断改进而发展。

干线和本地网应用光纤的发展趋势将是进一步优化色度色散系数、色散斜率、偏振模色散系数；增大有效面积，降低光纤损耗等，以满足100Gbit/s 和超 100Gbit/s DWDM 的密集波分复用以及超长距离传输的需要。因此光纤技术将朝以下方向发展。

2.5.1　增大有效面积单模光纤

为了充分发挥光纤的巨大潜在容量，利用波分复用技术使光纤中传输的光信道数尽可能地增加。光纤中传送的光功率随光纤中光信道数增加而增大，当光纤中的光功率超过一个阈值时，就会在光纤中发生折射率扰动和受激散射效应这两类非线性效应，将引起自相位调制、光弧子形成、交叉相位调制、四波混频等现象，严重影响传输系统。解决这个问题的措施可以用增大光纤的有效面积降低光纤单位面积上的光强，从而达到减小光纤非线性效应的目的。因此，研制出既有良好的色散特性，又具有更大的有效面积的单模光纤是光纤的发展趋势之一。

2.5.2　超低损耗光纤

随着光纤光缆线路建设环境的变化和运营维护模式的改变，对超长距离光放段以及无中继传输的需求将越来越普遍，对光纤的损耗系数的要求也将更加严格，因此，研制超低损耗光纤也将是光纤发展的趋势之一。

2.5.3　弯曲衰减不敏感单模光纤

随着国家"宽带中国"战略推动和实施，光线到户的推进得到迅速发展，接入网的全光纤化势在必行。经过多年研制和发展，已经研制了与 G.652 完全兼容的"G.657 接入网用弯曲衰减不敏感的单模光纤和光缆"，以及工艺简单、材料便宜和连接成本低的无源光分支器、冷接续、现场终端的光纤连接器等，今后该种类光纤将会广泛的推广和应用。

2.5.4　多芯光纤技术

为了节省光缆安装空间和减少光缆的敷设和安装费用，多芯光纤技术将是未来一个非常重要的光纤发展方向。通常光纤是由一个纤芯和围绕它的包层构成，但多芯光纤却是一个共同的包层区中存在多个纤芯。用这种光纤进行不同芯数各种光缆的成缆，与普通单芯光纤光比相比，能提高传输线路单位面积的集成密度。

2.5.5　光子晶体光纤技术

光子晶体光纤（PCF）具备许多独特而新颖的物理特性，如可控的非线性、无尽单模、可调节的奇异色散、低弯曲损耗、大模场直径等特性，这些特性是常规石英单模光纤很难或无法实现的。因此，光子晶体光纤引起了国外科学界的广泛关注。随着光子晶体光纤制造工艺技术的进步，光子晶体光纤的各种指标已经取得了突破性进展，各种光子晶体光纤新产品应运而生。PCF 不仅应用到常规光通信技术领域，而且广泛地应用到光器件领域，现已可以制造出色散平坦且具备大有效面积和无尽单模特性的光子晶体光纤，该光纤可以进行 40Gbit/s 高速长途传输。超高非线性光子晶体光纤非线性系数是常规单模光纤的 100 倍以上，能够实现 1000nm 的超连续光谱，可以为 DWDM 系统提供光源，节省大量激光光源成本。同时利用非线性实现的波长变化器件，其灵活性是其他非线性光纤器件无法比拟的。光子晶体光纤具有普通光纤所不具备的各种新颖特性，光子晶体光纤灵活而善变的新奇特性给科研工作者提供了更为广阔的想象与创新的空间，预示着微结构光纤将会在光通信、光器件、光传感等领域具有广泛的应用前景。

总之，人们正在期盼着针对不同网络层次的特点而开发的最佳性能价格比的新型光纤和新型光纤接续、终端的新器件早日诞生。

思 考 题

1. 我国是何时研制成功第一根多模光纤？

2. 光纤的特点主要有哪些？

3. 按 ITU-T 的分类方法现在有哪些主要的光纤品种？

4. 光纤中的色散有哪几种？单模光纤的总色散由哪几种色散组成？

5. 光纤的非线性有哪几类？

6. 简述 G.652 光纤有哪些子类，各子类光纤的主要差别？

7. 光缆的缆芯基本结构有哪几种？

8. 缆芯中的光纤基本结构有哪几种？

9. 按敷设方式分类主要有哪几种光缆？

10. 试列举按光缆特殊使用环境划分的 5 种光缆类型。

11. 光缆线路网主要由哪几种线路构成？

12. 接入光缆网的配纤方法主要有哪几种？

第 3 章
WDM 传输技术

3.1　发 展 现 状

波分复用技术的出现作为光纤通信技术的一次革命性变革，是光纤通信技术发展史上的一个里程碑，从技术出现到技术成熟发展所经历的时间非常短，系统容量记录不断刷新，从 16×2.5Gbit/s、32×2.5Gbit/s、16×10Gbit/s、32/40×10Gbit/s、80×10Gbit/s、40/80×40Gbit/s 到目前 80×100Gbit/s。我国于 1997 年在省际干线（西安—武汉）引入第一条 WDM 系统（Lucent 公司 8×2.5Gbit/s 系统），从此揭开了 WDM 系统在中国大规模应用的序幕。目前 40×10Gbit/s、80×10Gbit/s 在国内干线传输网中占据主导，近期 40/80×40Gbit/s、80×100Gbit/s WDM 系统也已规模应用，大容量 WDM 技术为解决通信容量问题提供了有效手段。

大功率光放大器、拉曼放大器的出现，为增大无电再生中继距离创造了条件。同时，适用于长距离传输的线路码型（如 CS-RZ、RZ、QPSK 码等）、前向纠错技术（FEC 或增强型 FEC）、相干接收、数字信号处理技术（DSP）、动态功率均衡、分布式色散管理等技术和新型光纤光缆的陆续出现，也极大提高了传输性能。WDM 技术无电再生的传输距离从早期的 600km 到目前已经实现的 2000km、4000km。随着波分产业链的进一步成熟，大容量波分系统将得到更广泛的应用，充分释放光纤资源的能量。

3.2　系统结构及关键技术

3.2.1　基本概念

波分复用（Wavelength-Division Multiplexing，WDM）是利用单模光纤的带宽以及低损耗的特性，采用多个不同波长承载信号，多个信道在光纤内同时传输。与通用的单信道系统相比，WDM 具有单对光纤通信容量大、扩容方便等诸多优点，特别是在光层面能直接承载多种业务，得到各家运营商的广泛应用。

WDM 系统分为密集波分复用（DWDM）系统和粗波分复用（CWDM）系统，密集波分复用系统通常指通道间隔不大于 200GHz 的波分系统，粗波分复用系统通常指通道间隔大于 200GHz 的波分复用系统。通常所说的 WDM 系统主要指 DWDM 系统（下文除特别指明之外，WDM 系统均指 DWDM 系统），其光通路数量在 C 波段通常分为 32/40 通路和 80 通路，也可以选用部分通道或者增加部分扩展通道。CWDM 系统主要用于网络边缘，通常为 4 通路、8 通路或 16 通路，基本原理和 DWDM 相同。

WDM 系统的构成及光谱示意如图 3-1 所示。发送端的光发射机发出波长不同而精度和稳定度满足一定要求的光信号，经过光波长复用器（合波器）复用在一起送入功率放大器（掺铒光纤放大器主要用来弥补合波器引起的功率损失和提高光信号的发送功率），再将放大后的多路光信号送入光纤传输，中间可以根据情况设置光线路放大器，到达接收端经光前置放大器（主要用于提高接收灵敏度和延长传输距离）放大以后，送入光波长分用器（也称解复用器或分波器）分解出原来的各路光信号。

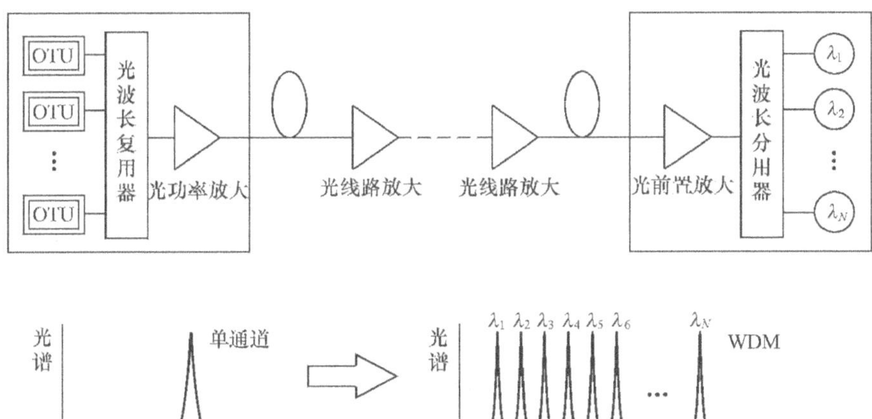

图 3-1　WDM 系统的构成及频谱示意

　　WDM 系统工程通常采用 C 波段 1550nm 窗口，标称中心频率是基于参考频率为 193.1THz，40 波以下系统采用 100GHz 的频率间隔，80 波系统采用 50GHz 的频率间隔系列。16、32 和 40 通路系统的各通路信号光接口的标称中心波长和中心频率应符合表 3-1 的规定，80 通路系统的各通路信号光接口的标称中心波长和中心频率应符合表 3-2 的规定。

表 3-1　基于 C 波段的 40 通路及以内（100GHz 间隔）WDM 系统波长分配方案

C 波段编号	间隔 100GHz 的标称中心频率（THz）	标称中心波长（nm）	C 波段编号	间隔 100GHz 的标称中心频率（THz）	标称中心波长（nm）
1*	196.2	1527.99	25	193.6	1548.51
2*	196.1	1528.77	26	193.5	1549.32
1	196	1529.55	27	193.4	1550.12
2	195.9	1530.33	28	193.3	1550.92
3	195.8	1531.12	29	193.2	1551.72
4	195.7	1531.9	30	193.1	1552.52
5	195.6	1532.68	31	193	1553.33
6	195.5	1533.47	32	192.9	1554.13
7	195.4	1534.25	33	192.8	1554.94
8	195.3	1535.04	34	192.7	1555.75

（续表）

C 波段编号	间隔 100GHz 的标称中心频率（THz）	标称中心波长（nm）	C 波段编号	间隔 100GHz 的标称中心频率（THz）	标称中心波长（nm）
9	195.2	1535.82	35	192.6	1556.55
10	195.1	1536.61	36	192.5	1557.36
11	195	1537.4	37	192.4	1558.17
12	194.9	1538.19	38	192.3	1558.98
13	194.8	1538.98	39	192.2	1559.79
14	194.7	1539.77	40	192.1	1560.61
15	194.6	1540.56	3*	192	1561.42
16	194.5	1541.35	4*	191.9	1562.23
17	194.4	1542.14	5*	191.8	1563.05
18	194.3	1542.94	6*	191.7	1563.86
19	194.2	1543.73	7*	191.6	1564.68
20	194.1	1544.53	8*	191.5	1565.5
21	194	1545.32	9*	191.4	1566.31
22	193.9	1546.12	10*	191.3	1567.13
23	193.8	1546.92	11*	191.2	1567.95
24	193.7	1547.72	12*	191.1	1568.77

注：16 波系统使用序号为 25 ～ 40 的中心频率与中心波长；32 波连续频带系统使用序号为 9 ～ 40 的中心频率与中心波长；32 波分离频带系统使用序号为 26 ～ 40 和序号为 1 ～ 16 的中心频率与中心波长

带 * 的为可扩展波长，48 波系统配置可选波长

表 3-2　基于 C 波段的 80 通路（50GHz 间隔）WDM 系统波长分配方案

C 波段编号	间隔 50GHz 的标称中心频率（THz）	标称中心波长（nm）	C 波段编号	间隔 50GHz 的标称中心频率（THz）	标称中心波长（nm）
1*	196.25	1527.61	49	193.65	1548.11
2*	196.2	1527.99	50	193.6	1548.51
3*	196.15	1528.38	51	193.55	1548.91
4*	196.1	1528.77	52	193.5	1549.32
1	196.05	1529.16	53	193.45	1549.72
2	196	1529.55	54	193.4	1550.12
3	195.95	1529.94	55	193.35	1550.52
4	195.9	1530.33	56	193.3	1550.92

（续表）

C 波段编号	间隔 50GHz 的标称中心频率（THz）	标称中心波长（nm）	C 波段编号	间隔 50GHz 的标称中心频率（THz）	标称中心波长（nm）
5	195.85	1530.72	57	193.25	1551.32
6	195.8	1531.12	58	193.2	1551.72
7	195.75	1531.51	59	193.15	1552.12
8	195.7	1531.9	60	193.1	1552.52
9	195.65	1532.29	61	193.05	1552.93
10	195.6	1532.68	62	193	1553.33
11	195.55	1533.07	63	192.95	1553.73
12	195.5	1533.47	64	192.9	1554.13
13	195.45	1533.86	65	192.85	1554.54
14	195.4	1534.25	66	192.8	1554.94
15	195.35	1534.64	67	192.75	1555.34
16	195.3	1535.04	68	192.7	1555.75
17	195.25	1535.43	69	192.65	1556.15
18	195.2	1535.82	70	192.6	1556.55
19	195.15	1536.22	71	192.55	1556.96
20	195.1	1536.61	72	192.5	1557.36
21	195.05	1537	73	192.45	1557.77
22	195	1537.4	74	192.4	1558.17
23	194.95	1537.79	75	192.35	1558.58
24	194.9	1538.19	76	192.3	1558.98
25	194.85	1538.58	77	192.25	1559.39
26	194.8	1538.98	78	192.2	1559.79
27	194.75	1539.37	79	192.15	1560.2
28	194.7	1539.77	80	192.1	1560.61
29	194.65	1540.16	5*	192.05	1561.01
30	194.6	1540.56	6*	192	1561.42
31	194.55	1540.95	7*	191.95	1561.83
32	194.5	1541.35	8*	191.9	1562.23
33	194.45	1541.75	9*	191.85	1562.64
34	194.4	1542.14	10*	191.8	1563.05
35	194.35	1542.54	11*	191.75	1563.46

（续表）

C 波段编号	间隔 50GHz 的标称中心频率（THz）	标称中心波长（nm）	C 波段编号	间隔 50GHz 的标称中心频率（THz）	标称中心波长（nm）
36	194.3	1542.94	12*	191.7	1563.86
37	194.25	1543.33	13*	191.65	1564.27
38	194.2	1543.73	14*	191.6	1564.68
39	194.15	1544.13	15*	191.55	1565.09
40	194.1	1544.53	16*	191.5	1565.5
41	194.05	1544.92	17*	191.45	1565.91
42	194	1545.32	18*	191.4	1566.31
43	193.95	1545.72	19*	191.35	1566.72
44	193.9	1546.12	20*	191.3	1567.13
45	193.85	1546.52	21*	191.25	1567.54
46	193.8	1546.92	22*	191.2	1567.95
47	193.75	1547.32	23*	191.15	1568.36
48	193.7	1547.72	24*	191.1	1568.77

带 * 的为可扩展波长，96 波系统配置可选波长

3.2.2　系统结构

3.2.2.1　传输系统结构

WDM 传输系统结构可根据 OTU（光转发器单元）的应用分为两种类型：一种是开放式系统，如图 3-2 所示。在波分复用器前应加入波长转换单元，提供满足标准规范规定的相应波长的光信号；另一种是集成式系统，如图 3-3 所示，客户端设备提供满足标准规范规定的相应波长的光信号，不需要光波长转换单元。

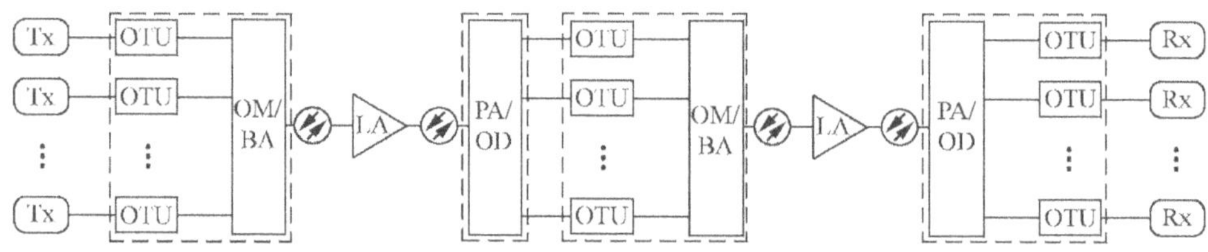

注：Tx 为具有 G.957/G.691 光口的 SDH 终端设备或数据设备。

图 3-2　开放式 WDM 系统

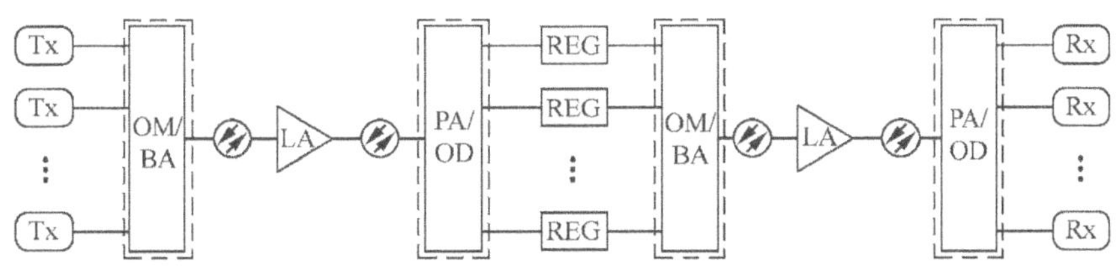

注：Tx、REG 分别为具有 G.692 光口的 SDH 终端或数据设备、中继设备。

图 3-3　集成式 WDM 系统

3.2.2.2　节点组成

WDM 设备一般按用途可分为光终端复用器（OTM）、光放大器（OA）、光分插复用器（OADM）、光转换器单元（OTU）4 种类型。

（1）**光终端复用器**

光终端设备包含发射和接收两部分。在发送端，来自客户端的信号（如 STM-N）通过发送 OTU 转变成满足 G.692 建议要求的不同波长光信号，经过合波、光放大、光监控信道后进入光纤线路传输。接收端是发送端的反过程，来自光纤线路的信号先将光监控信道分离，WDM 主信号再被放大，经过分波、接收 OTU 后送至客户端。

（2）**光放大器**

光放大器的核心功能是对工作波段实现放大，主要由光放大单元、色散补偿模块（DCM）、光监控信道组成。信号经线路接收后，先将光监控信道、WDM 主信号分离，主信号经色散补偿和光放大后继续往下游传送，光监控信道经光 / 电转换后，提取和插入本站信息，成帧后与 WDM 主信号一起进入下一段光纤传输。

光放大器根据放置位置不同，一般分为光功率放大器（OBA）、光线路放大器（OLA）和光前置放大器（OPA）。

（3）**光分插复用器**

OADM 是在光层上实现以波长为单位的分插 / 复用功能的设备，即可从 WDM 传输线路上有选择性地分插和复用某些光通道，而不影响其他光通道透明传输的一种设备。OADM 的应用基本不影响 WDM 复用段内站段设置。OADM 具体的工作过程为：从线路来的 WDM 信号包含 N 个波长信道，根据业务需求，从 N 个波长信道中，有选择性地从下路端（Drop）提取所需的波长信道，相应地从上路端（Add）输入所需的波长信道。而其他与本地无关的波长信道就直接通过 OADM 的光放大功能，和上路波长信道复用在一起后，从 OADM 线路输出端输出。根据可实现上下波长的灵活性，OADM 分为固定波长 OADM（上下波道固定）及可重构 OADM（上下波道可动态调整）。

（4）光转换器单元

光转换器单元的应用使 WDM 系统实现完全开放，同时通过对信号再生实现长距离传输。波长转换是光波分系统的一个基本功能，可进行透明的互操作、解决波长应用、波长路由选定，以及在动态业务模式下较好地利用网络资源。尤其是对大容量、多节点的网状网，采用波长变换器能大大降低网络的阻塞率。

光 / 电 / 光（O/E/O）波长转换在 WDM 光传输系统中经常用到，光 / 电 / 光波长变换器相当于光传输线路中的再生中继器。在光网络中，当需要对某一波长的光信号进行波长转换时，先用光电检测器接收该光信号，实现光 / 电转换；然后将信号调制到所需波长的激光器发射出去，实现电 / 光转换，从而实现波长变换。OTU 的工作原理如图 3-4 所示。

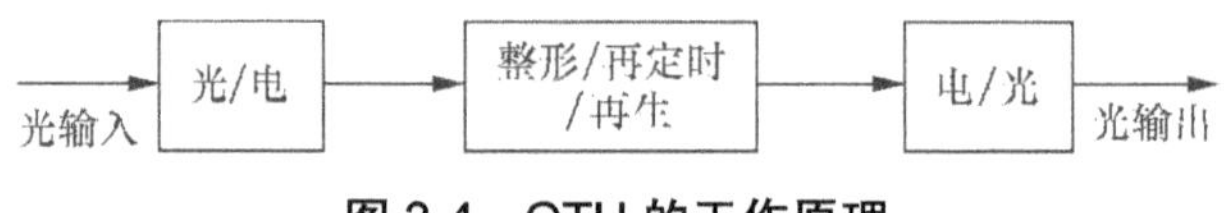

图 3-4　OTU 的工作原理

根据 OTU 的使用位置，可将其分为三种：发送端 OTU、电再生 OTU 和接收端的 OTU。

目前 OTU 采用光 / 电 / 光变换，根据转换过程中是否具有再定时电路，OTU 又可分为两类，即 2R OTU（再生和整形）和 3R OTU（再定时、再生和整形）。

根据 OTU 提供波长的能力，可分为固定波长型（将输入信号的调制波长转化为规定的其中一个标准波长）、可配置波长型（将输入信号的调制波长转化为规定的标准波长，具体的波长在一定范围内可配置）。

3.2.3　关键技术

一直以来，延长中继距离、提高传输容量是光传输发展的两条主线。掺铒光纤放大器的出现大大增加了骨干网的无电中继（中间不需 OTU）传输距离，并实现了多个波长光信号在一根光纤内的同时放大。同时随着关键技术取得较大的发展，更大程度上突破了信号衰减、噪音、色散、非线性等对于传输距离的限制，实现了上千公里的良好传输。这些关键技术包括光放大技术、色散补偿技术、调制码型、纠错编码（FEC）、相干接收、数字信号处理（DSP）和光波道功率自动调整等技术。下面就对这些关键技术的特点进行简要介绍。

3.2.3.1　光放大技术

以 1989 年诞生的 EDFA 代表的放大器技术是光纤通信技术的一次突破。光放大器用于补偿光纤和其他无源器件对光功率的损伤，但在提升信号功率的同时也引入了噪声干扰，降低了信噪比，从而限制了最大的传输距离。

更有效的手段是降低放大器的噪声水平。与 EDFA 放大系统相比，采用喇曼放大系统，每通路光信号的发送功率较低，而输出光功率的降低使每个通路经过线路放大器后，在信号得到放大的同时，引入的非线性降低，这样使得信号尽可能以线性模式传输。因此输出信号的光信噪比（OSNR）增大，从而保证在没有电再生中继设备的条件下，信号可以在经过更长的传输距离后还能够被正常接收。光纤拉曼放大器分为两类：集中式拉曼放大器和分布式拉曼放大器。传统的集中式拉曼放大器由于入纤功率较大，对光纤的反射系数、系统维护和安全有较严格的要求；分布式拉曼放大器对超长距离的多波道数、高速率的波分系统性能有较好的改善作用。

3.2.3.2　色散补偿及管理技术

（1）色度色散补偿技术

由于光纤对不同频率分量的群速度色散不同将导致信号各频率分量之间产生群时延差，表现为时域脉冲展宽，引起符号间干扰，影响最终接收。对于传统 G.652 光纤，10Gbit/s 信号的色散受限距离约为 50km，而 40Gbit/s 信号色散受限距离仅为 3 ～ 4km，100Gbit/s 信号色散受限距离更短，所以对于超长距离传输必须解决好色散补偿问题，目前 10Gbit/s 波分系统主要采用单模色散补偿光纤（DCF）进行波分系统的色度色散补偿。对于 100Gbit/s 信号，由于其光信号的波特率提升，光谱宽度会相应提升，其时域波形周期也会随之降低，如果 100Gbit/s 同样采用传统的 OOK/ASK 调制方法（二进制振幅键控），则其色散容限将非常小，现有的 DCM 补偿方式已经完全不能满足要求。对于 100Gbit/s 传输，色散容限已经成为严重的问题，而传统的光学色散补偿方法已经不能克服色散容限降低带来的危害，必须采用更新的补偿措施，才能使 100Gbit/s 及以上传输成为可能。

（2）PMD 补偿技术

光纤和器件的双折射引入 PMD 制约高速率传输是无法回避的问题，与光纤色散不同，PMD 是随机变化的，这更增加了 PMD 补偿的难度。在现有的各种补偿技术中，目前比较看好偏振控制器加差分群时延器的光域 PMD 补偿方式和电自适应滤波方式的电域 PMD 补偿方式，前者能够有效地补偿一阶 PMD 和高阶 PMD，后者能以较低的成本减小 PMD 的影响。但前者需要性能稳定、响应速度快的偏振控制器以及优化的自动反馈控制算法，后者需要高速的电子器件。目前工程中较少采用 PMD 补偿技术，而是在系统中分配适当的通道代价。

3.2.3.3　调制码型技术

对于低速、一般距离光纤传输系统，非归零码（NRZ）型具有实现简单、技术成熟、频谱效率高、信号完整性好等特点，广泛应用于商用长途 DWDM 传输系统中。但是，随着传输距离的增加和 10/40Gbit/s 速率的普遍采用，OSNR 容限、色度色散、PMD、光纤非线性效应等这些在低速短距离传输情况下可以忽略的物理效应在此时变得明显，严重地阻碍了传输业务的容量和覆盖范围的提升。鉴于此，近年来又开发出多种有别于 NRZ 码的编码格式，用于降低 OSNR 容限、增加色散受限距离，克服非线性效应和 PMD 效应等。这些特殊的调制格式统称为码型技术，码型技术一般采用归零（RZ）光脉冲承载业务信号。为了进一步提升纯 RZ 码的传输性能，近年来还出现了 D-RZ（双二进制 RZ 码）、DPSK-RZ（差分相移 RZ）、DCS-RZ（双二进制载频抑制 RZ）等。今后信号调制将向着频谱效率更高的多进制调制和编码调制方向发展，关键是如何以低成本实现高可靠性的调制解调器，预计光电混合集成电路和光子晶体光纤是最为看好的技术。

100Gbit/s 的调制格式和复用方式相对 10Gbit/s、40Gbit/s 而言类型更为丰富，除了基于偏振复用结合多相位调制的调制方式，如偏振复用（差分）四相相移键控（PDM-(D)QPSK）之外，还包括更多级相位和幅度调制的调制码型，如 8/16 相移键控（8PSK/16PSK），16/32/64 级正交幅度调制（16QAM/32QAM/64QAM）等，以及基于低速子波复用的正交频分复用（OFDM）等。这些编码同时也可以和偏振复用技术结合，组合类型非常丰富。另外，从调制编码的解调来看，目前主要可采用两种方式，直接解调和相干解调，其中相干解调主要采用数字信号处理（DSP）技术实现，这就显著降低了相干通信中对于激光器特性的要求。

在 100Gbit/s 系统中得到广泛应用的 PDM-QPSK，本质是通过在光场相位上选取 4 个可能的取值，使得在不降低线路速率的基础上，将光信号的波特率降低一半。同时又采用"偏振复用（PDM）"方案，将 100Gbit/s 数据首先复用到光波长的两个偏振态上，进一步将传输光信号的波特率降低一半，实际线路上的波特率仍然是 25Gbit/s 速率。通过采用这种码型调制技术将线路速率显著降低，达到长距离传送的要求。

3.2.3.4　纠错编码技术

在光传输系统中采用前向纠错（FEC）技术，能够消除系统性能曲线中的误码率平台现象，其编码增益也提供了一定的系统富余量，从而降低光链路中线性及非线性因素对系统性能的影响。FEC 是以牺牲有效带宽为代价换取高的传输质量，它通过在信号中加入少量的冗余信息发现并剔除传输过程中由噪声引起的误码，以较低的成本和较小的带宽损失换取高质量的传输。由于纠错编码只需要在收发端增加相应的编译码器，无需增加和改动线路设备，具有成本低、灵活便捷、效果明显的优势，所以备受青睐。目前，业界提出的基于 SDH/DWDM 实用化 FEC 的实现方式有两种：带外 FEC 和带内 FEC。随着超长距离传输系统发展的要求，人们需要具有更强纠错能力的超强纠错编码。

随着线路速率的不断提升，前向纠错技术也经历了三代发展，第一代采用以 RS（255，239）为代表的代数码技术，采用 7% 的开销，主要用于 2.5Gbit/s 系统和早期的 10Gbit/s 系统。随着后期的 10Gbit/s、40Gbit/s 系统的广泛应用，产生了净编码增益更高、纠错能力更强的第二代 FEC 技术，第二代 FEC 采用级联编码技术。

在 100Gbit/s 相干电处理技术的产业化力量的驱使下，并借助高速 IC 技术的发展，目前又引进了基于软判决（SD）的第三代 FEC 编码技术。软硬判决的区别在于其对信号量化所采用的比特位数。硬判决对信号量化的比特数为 1 位，其判决非"0"即"1"，没有回旋余地。软判决则采用多个比特位对信号进行量化，采用"00"、"01"、"10"、"11"判决，通过 Viterbi 等估计算法提高判决的准确率，软判决也让 FEC 的净编码增益在 11.5dB 左右，大大提升了 100Gbit/s 系统的传输能力。

3.2.3.5　相干接收及数字信号处理（DSP）技术

相干接收系统，与传统的无线电和微波通信一样，用调制光载波的频率或相位发送信息。在接收端，使用零差或外差检测技术恢复原始的数字信号，因为光载波相位在这种方式中扮演着重要的角色，所以称为相干通信，基于这种技术的光纤通信系统称为相干通信系统。

一方面相干解调比非相干获得更高的接收机灵敏度，同样也可获得更好的 OSNR 灵敏度；另一方面相干解调主要是利用光数字信号处理技术在电域实现偏振解复用和通道线性损伤（CD、PMD）补偿，即通过数字化算法，在电域进行色度色散补偿以及偏振态色散补偿，以此减少和消除对光色散补偿器和低 PMD 光纤的依赖。

采用基于电域的 DSP 技术，在 100Gbit/s 系统上可实现高达 60000ps/nm 的色散容限和 90ps 的 DGD 容限。在进行波分设计时，传输线路上将不再放置 DCM 模块，PMD 效应也不再成为限制系统传输距离的因素，使得 100Gbit/s 系统具备长距离传输的能力。

相干接收的核心技术在于电域，非相干接收的核心技术在于光域。考虑到器件的远期成本，电域多采用 ASIC 封装，虽然早期投片成本较高，但容易实现规模量产，成本下降趋势很快。光域器件成本一般随器件复杂度成倍增加，且量产成品率也低于电器件。因此相干接收及数字信号处理技术在 100Gbit/s 系统中得到大量应用。

相干接收检测和 DSP 处理的示意如图 3-5 所示。

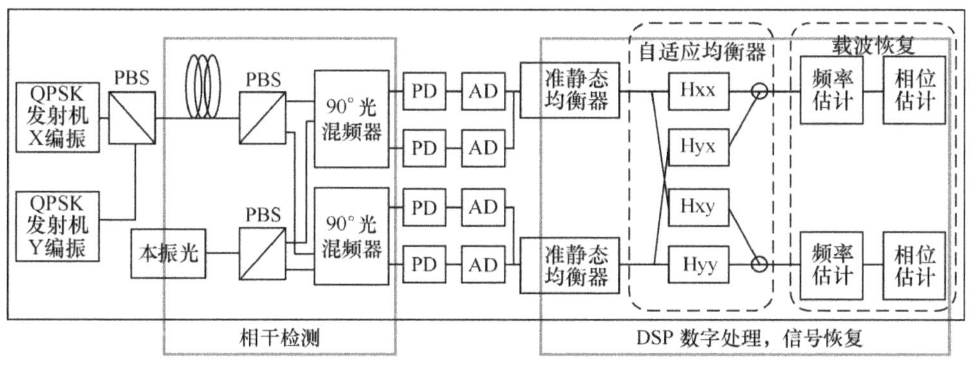

图 3-5　相干接收检测和 DSP 处理的示意

提高传输容量集中在两方面：一方面提高单波速率，从最初的 2.5Gbit/s 到 10Gbit/s，再发展到 100Gbit/s，技术快速进步，目前正在进行 400Gbit/s ～ 1Tbit/s 的研究开发。另一方面，提高 WDM 技术的复用波数，从最初的 16 波到 32/40 波，再发展到 80 波，40 波以下系统采用 100GHz 的频率间隔，80 波系统采用 50GHz 的频率间隔系列。若再利用 L 波段，其复用波数能达到 160 波。

3.2.4　系统性能

在 SDH 光缆传输系统中，在一对光纤上传送数字信号时，由于在一定距离内，用再生中继器将数字信号进行再生，其传输距离主要由光缆的损耗和色散决定。但在 WDM 传输系统中，在一个复用段内（光终端复用器 OTM ～光终端复用器 OTM）在一对光纤上传送的信号不用再生中继器将数字信号进行再生，而由光纤放大器将受到衰减的信号放大，其传输距离不仅受光纤色散、衰耗的制约，而且还受放大器噪声的影响。因此，在波分复用传输系统中，光信噪比是衡量系统光层面上的主要性能指标。所谓光信噪比就是某信道中信号的光功率和该信道波长上的噪声光功率之间的比值。

3.3　组网及应用

3.3.1　传统 WDM 系统

WDM 系统组织结构分为链型和环型，保护方式相应地分为线性保护和环网保护。开放式 WDM 系统如图 3-6 所示。

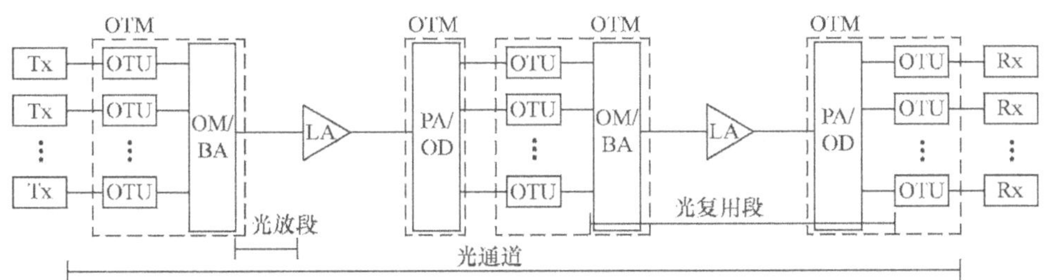

图 3-6　开放式 WDM 系统

3.3.1.1　线性保护

WDM 系统线性路径保护可选用下列方式。

（1）光复用段 1+1 保护（OMSP）

在 OM/BA 点～ PA/OD 点进行 1+1 备份，这种保护系统机制只在光路上进行 1+1 保护，而不对终端线路进行保护。在发端和收端分别使用 1×2 光分路器和开关，在发送端对合路的光信号进行分离，在接收端对光信号进行选路。在这种保护系统，只有光缆和 WDM 的线路系统是备份的。

（2）光通道 1+1 保护（OCHP）

在 OTU ～ OUT 之间进行 1+1 备份，这种保护系统机制与 SDH 系统的 1+1 MSP 类似，所有的系统设备都需要有备份，波长转换器、复用器 / 解复用器、光放大器、光缆线路等，信号在发送端被永久桥接在工作系统和保护系统，在接收端监视从这两个 WDM 系统收到的信号状态，并选择更合适的信号，这种方式的可靠性比较高，但是成本比较高。

WDM 线性 1+1 保护主要采用光保护倒换开关设备实现，工作路径和保护路径均基于光复用段进行分别设计计算，保证主用 WDM 系统和备用 WDM 系统满足系统指标要求。WDM 线性 1+1 保护倒换时间均应小于 50ms。

3.3.1.2　环网保护

环型结构是保证网络生存性的较好模式，其本身就可以在环上的任何两点之间提供两条路径，任何一条路径的故障可通过为业务重新选择其他路径保护。

采用具有分插复用能力的 OADM 设备可以组成 WDM 环网系统，可以分成两种形式。

一种是基于单个波长保护的波长通道保护，即单个波长的 1+1 保护，类似于 SDH 系统中的通道保护。

另一种是线路保护环，对合路波长的信号进行保护，在光纤切断时，可以在断纤临近的 2 个节点完成"环回"功能，从而使所有的业务得到保护。从表现形式上讲，可以分双向线路 2 纤环和单向线路 2 纤环，也可以构成双向线路 4 纤环。在双向 2 纤线路环时，一半波长作为工作波长，另一半作为保护。倒换原理类似于 SDH 的复用段共享环网保护。

3.3.2　OTN 系统

OTN 是以波分复用技术为基础的具有一定波长交换的传送网。OTN 是通过 G.872、G.709、G.798 等一系列 ITU-T 的建议所规范的新一代"数字传送体系"和"光传送体系"，解决传统 WDM 网络调度能力差、组网能力弱、保护能力弱等问题。

ITU-T 在 2000 年前后已经制定了多个 OTN 技术相关的标准，形成了光层和电层的完整体系结构。各层网络都有相应的管理监控机制及网络生存性机制，可以提供强大的 OAM 功能，并可实现多达 6 级的串联连接监测（TCM）功能，提供完善的性能和故障监测功能。

OTN 设备形态按采用技术类型分为两类，基于电层交叉 OTN 和基于光层交叉的 OTN。OTN 设备基于电层的 ODUk 的交叉功能使得电路交换颗粒由 SDH 的 155Mbit/s 提高到 2.5/10/40/100Gbit/s（对应 ODU1/ODU2/ODU3/ODU4），从而实现大颗粒业务的灵活调度和保护。基于光层的 OTN 通过光（波长）交叉完成波长调度，子网内部全光操作，省去了 O-E-O 功能单元。

OTN 设备还可以引入基于 ASON 的智能控制平面，提高网络配置的灵活性和生存性。除了强大的维护管理功能之外，就是基于不同类型的 OTN 设备支持多种组网方式和保护功能。

3.3.2.1　OTN 设备形态

（1）OTN 终端复用设备

OTN 终端复用设备即支持 OTN 接口的 WDM 设备，这里的 OTN 接口包括线路接口和支路接口（也称为业务接口或域间互联接口）。

目前主流厂商的波分系统在线路侧已基本上采用了 OTN 结构，并均已支持符合 G.709 标准的 OTN 接口，因此都属于 OTN 终端复用设备。OTN 终端复用设备功能模型如图 3-7 所示。

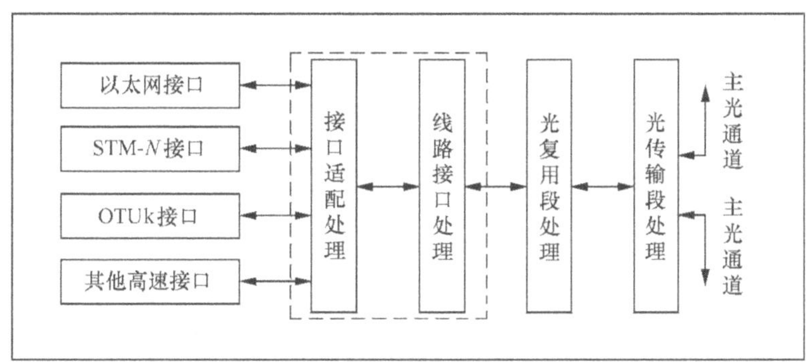

图 3-7　OTN 终端复用设备功能模型

（2）OTN 电交叉设备

类似于现在的 SDH 交叉设备，OTN 电交叉设备完成 ODUk（光通路数据单元）级别的电路交叉功能，为 OTN 提供灵活的电路调度和保护能力。OTN 电交叉设备可以独立存在，类似于基于 SDH 的 DXC 设备，对外提供各种业务接口和 OTUk（光通路传送单元）接口，也可以与 OTN 终端复用功能集成在一起，同时提供光复用段和光传输段功能，支持 WDM 传输。OTN 电交叉设备的功能模型如图 3-8 所示。

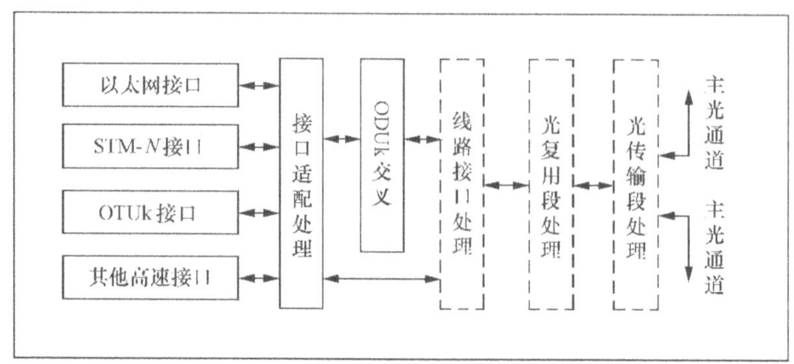

图 3-8　OTN 电交叉设备的功能模型

（3）OTN 光电混合交叉设备

OTN 电交叉设备可以与光交叉设备（通过动态光分插复用器 ROADM 或光子交叉连接器 PXC 实现）相结合，同时提供 ODUk 电层和 OCh 光层调度能力。波长级别的业务可以直接通过 OCh 交叉，其他需要调度的业务经过 ODUk 交叉。两者配合可以优势互补，又同时规避各自的劣势，这种大容量的调度设备就是 OTN 光电混合交叉设备。OTN 光电混合交叉调度设备的功能模型如图 3-9 所示。

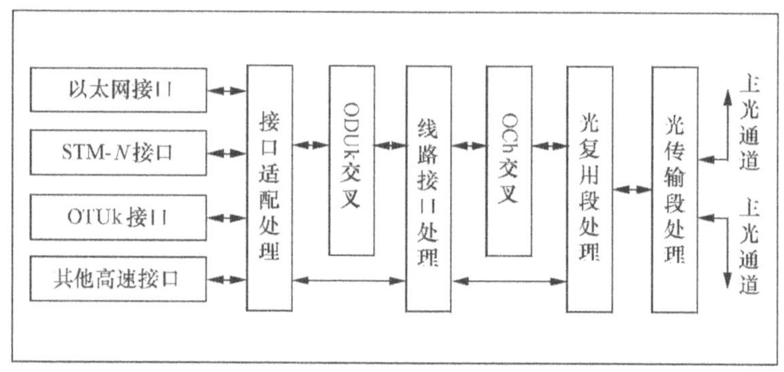

图 3-9　OTN 光电混合交叉调度设备的功能模型

3.3.2.2　OTN 应用

基于 OTN 设备存在的不同形态，OTN 在网络建设中也存在不同的应用方式。

（1）波分系统的全 OTN 化

根据对国内外厂商设备的调研，目前主流厂商的波分系统在线路侧已基本上采用 OTN 结构，并均已支持符合 G.709 标准的 OTN 接口，可以实现不同系统的互通。多数厂商支持 STM-64/OTUk 信号的网管指配选择，便于实现 OTU 应用方式的选择（上下业务或中继）。

在 WDM 系统中引入 OTN 接口，可以实现对波长通道端到端的性能和故障监测。OTN 可以实现对多种客户信号的透明传送，是路由器采用 10GE 接口的前提条件，逐步在 WDM 系统中引入 OTN 接口，可以为未来引入大容量的 OTN 交叉设备做准备。

（2）OTN 交叉设备在长途骨干网的应用

随着长途 IP 网的发展，IP 业务量的激增，长途骨干网的核心节点面临着越来越大的业务量。为了更有效地使用 IP 网络资源，提高中继电路的利用率或提高网络运行质量，在长途骨干网中应用大容量的 OTN 交叉设备是必要的。利用大容量 OTN 交叉设备，可以实现大颗粒波长通道业务的快速开通，提高业务响应速度。加载 ASON 智能控制平面后，还可以提供基于 ASON 的多种保护恢复方式，提高骨干传送网的可靠性。

同时，引入 OTN 交叉设备可以优化现有 IP 网络的组网结构，大幅度节省路由器组建 IP 承载网络的成本。其应用方式为：IP 网络的转接业务不再进入路由器实现中转，而是通过 OTN 设备在传输层直接完成转接，从而节约路由器的接口数量并降低对路由器容量的要求。OTN 设备提供的灵活保护恢复机制可以有效解决 IP 网络中继电路故障问题，提高网络生存性，可以减少全部依赖路由器保护场景下的链路冗余要求，提高链路利用率，降低 IP 网络的建设成本。

（3）OTN 交叉设备在城域网的应用

城域网中的情况比较复杂，相应的竞争技术也比较多。为了提高光纤利用率，在城域网中建设波分系统是必然的，基于波长级颗粒调度的 OADM/ROADM 是目前比较切合实际的选择。但对于子波长颗粒 GE、2.5Gbit/s 等业务，OADM/

ROADM 并不是一种很好的解决办法，加之它本身存在波长受限、恢复速度慢等缺陷，该方式需要与其他技术配合应用才可以实现城域网的多方面需求。

在城域网中采用 OTN 交叉设备，由 OADM/ROADM 实现波长级的调度和保护，由 OTN 交叉设备完成子波长级（GE、2.5Gbit/s）的调度和保护是一种比较可行的应用方式。城域网中 OTN 组网结构如图 3-10 所示。

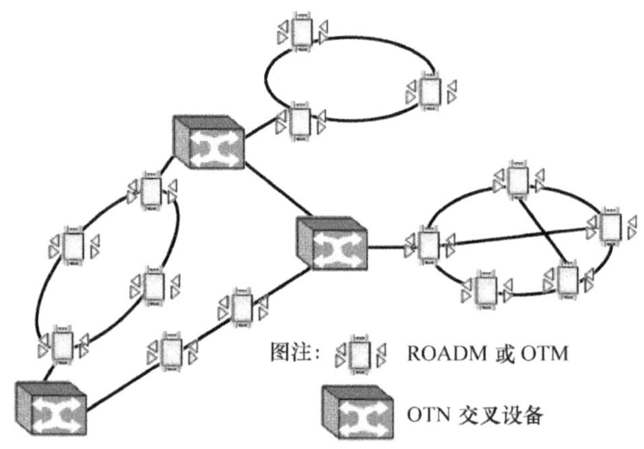

图 3-10　城域网中 OTN 组网结构

3.4　未来发展趋势

以对等通信（P2P）业务为代表的互联网业务蓬勃发展，第四代移动通信业务的大量应用带动了移动数据业务爆炸式增长，IPTV 业务、网络电视等视频业务持续高速增长。网络带宽需求的年增长率在 30% ～ 50%，加上正在兴起的物联网、云计算等业务需求，这些业务层面上的发展对电信网的基础——光传输网络提出了新的容量、功能和性能上的需求。

3.4.1　提升系统容量

提高容量的途径有两个：提高单通道的传输速率和增加通道数。目前应

用的 DWDM 技术，单通道速率以 10/100Gbit/s 为主流，波长数最多可支持 80
波（C 波段），扩展到 L 波段，可以达到 160 波。进一步提高所支持的波长数
不是没有可能，但是难度较大，所以提升单通道速率成为目前主要的提升波
分系统容量的有效途径，将来有可能向 400Gbit/s、1Tbit/s 及更高速率发展。

3.4.2　提高传输距离

随着宽带接入的普及，运营商骨干网络承载的业务模型越来越向数据转
变，IP 业务已经成为 WDM 带宽的最大使用者，汇聚型数据业务在传送网
上呈现出十分突出的"长距离直达"特点。因此，业务模型的变化推动着
WDM 系统向 ULH 方向发展，同时 ULH WDM 系统可以减少电再生站、光
放站的数量，延伸光放站之间的距离，充分反映出采用超长距离系统对系统
成本的降低。

3.4.3　从点到点传输走向动态传送联网

普通的点到点波分复用通信系统尽管有巨大的传输容量，但只提供了原
始的传输带宽，随着网络业务向动态的 IP 业务继续汇聚，一个灵活、动态
的光网络是不可或缺的。基于 WDM 的 OTN 将是未来发展的趋势，需要在
WDM 链路上提供有波长交换和上下功能的节点，如 OXC 等，并进一步提
供波长、子波长自动配置、动态分配功能，进一步向自动交换光网络演进。

思 考 题

1. 简述 WDM 的基本定义。

2. 根据 OTU（光转发器单元）的应用，说明 WDM 系统的分类及主要区别。

3. 简述光放大器的类型及作用。

4. 简述光分插复用器（OADM）功能，光分插复用器有哪几种类型？

5. 在 WDM 系统中，OTU 的作用是什么，有哪几种类型？

6. WDM 系统有几种保护方式？

7. OTN 设备形态的类型分为哪些？

8. 简要说明 OTN 设备实现交叉的交叉颗粒类型。

9. 简述波分系统未来的发展趋势。

10. 提升波分系统容量的主要途径有哪些？

第4章 SDH 传输技术

4.1 发展现状

数字传输技术的发展历经了准同步数字系统（PDH）、同步数字系统（SDH），直至目前已商业化的自动交换光网络（ASON）等几个阶段。

实用化光纤、相关光器件制造技术以及超大规模集成电路技术和微处理机技术的发展，带动了光纤通信系统从小容量到大容量、从短距离到长距离以及维护管理技术的的迅猛发展。

4.1.1 PDH 技术特点

截至 20 世纪 90 年代初期，PDH 发展经历了完整的过程，实现了 2Mbit/s、8Mbit/s、34/45Mbit/s、140Mbit/s、565Mbit/s 等 PDH 产品的全系统化，并在商用网中得到相当规模的应用。

PDH 技术当时虽然在带宽供给方面是个很大的飞跃，但在应用过程中，陆续暴露出其固有的一些缺陷：国际标准不统一、复用结构复杂、网络管理功能较差。

4.1.2　SDH 技术特点

光同步数字传送网是由 SDH 网元组成，在光纤上进行同步信息传输、复用和交叉连接的网络。SDH 网的主要特点是同步复用、标准光接口和强大的网管功能，同时 SDH 网络还是一个非常灵活的网络，体现在以下三个方面。

（1）支持多种业务

SDH 的复用结构中定义了多种容器（C）和虚容器（VC），各种业务只要装入虚容器就可作为一个独立的实体在 SDH 网中进行传送。C、VC 以及级联和复帧结构的定义使 SDH 可以灵活地支持多种电路层业务，包括各种速率的异步数字系列、FDDI、ATM 等，以及将来可能出现的新业务。另外，段开销中大量的备用通道也增强了 SDH 网的可扩展性，SDH 的这种灵活性和可扩展性使其成为宽带综合业务数字网的基础传送网络。

（2）具有较强的生存性

PDH 中改变网络连接要靠人工更改配线架的接线，耗时长、成本高且易出错。在 SDH 网中，大规模采用软件控制，通过软件就可以控制网络中所有交叉连接设备和复用设备，迅速、灵活地更改路由。需要改变路由时，通过软件更改交叉连接设备和分插复用器的连接，只要几秒钟就可灵活地重组网络。特别是 SDH 的自愈环，在某条链路出现故障时，可以迅速地改变路由，从而大大提高 SDH 网的可靠性。

（3）设备的标准化较强

SDH 标准体系中定义了标准的网络接口和标准网络单元，提高了不同厂商之间设备的兼容性，使组网时有更大的灵活性。

　　随着业务层的多样化，光传送网中引入多业务传送平台（MSTP）的概念，以满足不同用户日益增长的高带宽、多业务的需求。MSTP 指一种能够针对多种业务特点进行处理的传送网节点设备，是 SDH 为适应数据业务交换而进行扩展的一项技术，通过灵活的业务适配将不同颗粒的多种业务、多种协议映射到 SDH 帧结构中，并通过 SDH 网传送，在一个多业务平台上，有效地支持数据、语音和图像业务。

4.1.3　ASON 技术特点

　　近年来，智能交换光网络（ASON）以蓬勃的生命力进入人们的视野。智能光网络是通过独立的控制平面完成业务配置和连接管理的光传送网，主要面向网状网。ASON 是指在 SDH 等传送平面的基础上引入智能控制层面，将交换、传输、数据综合起来，具备一系列优势。

　　（1）建立电路时间短，快速适应各种业务需求；

　　（2）接口标准化程度高，可扩展性强；

　　（3）保护倒换、恢复速度块；

　　（4）统一网络管理，实现端到端电路配置；

　　（5）可以解决跨越不同厂商电路建立的问题；

　　（6）减少对网管系统的要求；

　　（7）可以提供电路 SLA。

　　SDH 规范数字信号的帧结构、复用方式、传输速率等级、接口码型等特性，是一种灵活、可靠、便于管理的电信传输网，易于扩展，适应电信业务的开展，并且使不同厂商生产的设备互通成为可能。

4.2　系统构成及关键技术

4.2.1　传输系统构成

SDH 光传输系统实际上是传输信号的一种实现方式，由 SDH 网络节点 / 网元和传输链路两部分组成，SDH 网络节点 / 网元包括终端复用器、分插复用器、再生中继器等，完成业务的上下和传输中继，传输链路主要完成长距离的传输。SDH 传输系统的构成示意如图 4-1 所示。

再生段是指相邻的再生中继器之间或再生中继器与终端复用器 / 分插复用器之间的段落，数字段是指相邻的复用设备之间的段落，包括终端复用器、分插复用器。

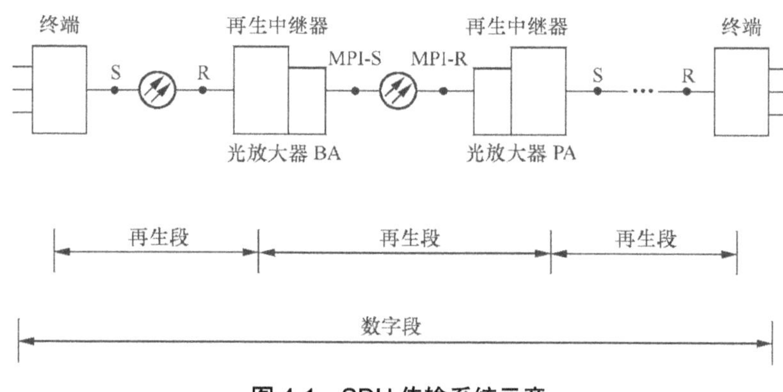

图 4-1　SDH 传输系统示意

4.2.2　传输系统性能

传输系统的性能对整个通信网的通信质量起着至关重要的作用，影响 SDH 传输网传输性能的主要传输损伤包括误码、抖动和漂移。

4.2.2.1　误码性能

误码是指经接收、判决、再生后，数字码流中的某些比特发生了差错，使传输的信息质量产生损伤。

4.2.2.2　抖动漂移性能

抖动和漂移与系统的定时特性有关。定时抖动（抖动）是指数字信号的特定时刻（如最佳抽样时刻）相对其理想时间位置的短时间偏离，所谓短时间偏离是指变化频率高于 10Hz 的相位变化。而漂移指数字信号的特定时刻相对其理想时间位置的长时间偏离，所谓长时间是指变化频率低于 10Hz 的相位变化。

抖动和漂移会使接收端出现信号溢出或取空，从而导致信号滑动损伤。

4.2.3　SDH 技术

4.2.3.1　SDH 的帧结构

ITU-T 规定了 STM-N 的帧是以字节（8bit）为单位的矩形块状帧结构，STM-N 的帧结构主要由信息净负荷（Payload）、段开销（包括再生段开销和复用段开销）、管理单元指针（AU-PTR）三部分组成，如图 4-2 所示。

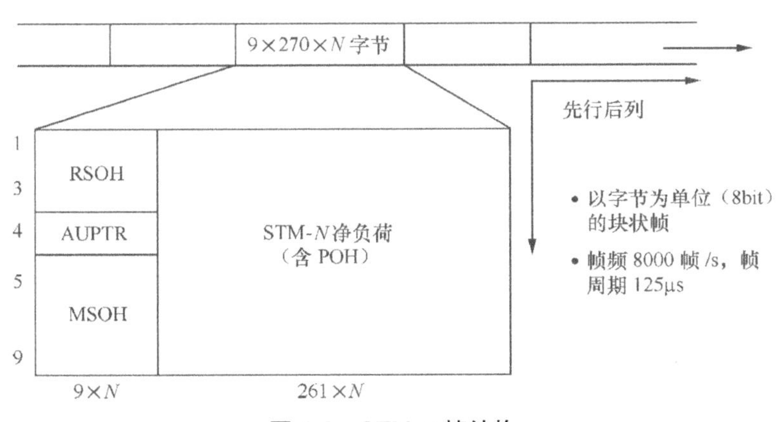

图 4-2　STM-N 帧结构

（1）信息净负荷

信息净负荷区域是 SDH 帧结构中用于存放各种业务信息的地方，其中还含有通道开销字节（VC POH），也作为净负荷的一部分并与之一起在网络中传送，主要用于通道性能的监视、管理和控制。VC POH 可以分为两类：低阶 VC POH 和高阶 VC POH。

（2）段开销（SOH）

段开销是指 STM-N 帧结构中为了保证信息净负荷正常灵活传送所必需的附加字节，主要用于网络的运行、管理和维护。段开销还可以进一步划分为再生段开销（RSOH）和复用段开销（MSOH），既可在再生器接入，又可在终端设备接入，而 MSOH 将透明地通过再生器，在终端设备处终结。

（3）管理单元指针

AU-PTR 是一种指示符，主要用来指示信息净负荷的第一个字节在 STM-N 内的准确位置，以便在接收端正确地进行信息分解。采用指针方式是 SDH 的重要创新，可使之在准同步环境中完成复用同步和 STM-N 信号的帧定位。

4.2.3.2　SDH 复用和映射

SDH 复用在不同的场合下采用不同的方式，主要分两种：一种是低阶的 SDH 信号复用成高阶 SDH 信号；另一种是低速支路信号复用成 SDH 信号 STM-N。

第一种复用方法主要通过字节间插复用方式完成，即 $4 \times$ STM-1 → STM-4，$4 \times$ STM-4 → STM-16 等。在进行字节间插复用过程中，各帧的信息净负荷和指针字节按原值进行间插复用，而段开销则会有所取舍。在复用成的 STM-N 帧中，SOH 并不是所有低阶 SDH 帧中的段开销间插复用而成，而是舍弃了一些低阶帧中的段开销。

第二种情况用得最多的就是将 PDH 信号复用进 STM-N 信号中。SDH 网的兼容性要求 SDH 的复用方式既能满足异步复用，又能满足同步复用，而且能方便地由高速 STM-*N* 信号分 / 插出低速信号，同时不造成较大的信号时延和滑动损伤，这就要求 SDH 采用自己独特的一套复用步骤和复用结构。

ITU-T 规定了一套完整的复用结构，按照 ITU-T G.707 建议，我国于 1997 年采用简化的标准复用线路，它是标准复用映射结构的一个子集。2000 年 4 月又在 ITU-T G.707 基础上增加了级联部分的复用，具体复用与映射结构如图 4-3 所示。例如，图中的虚容器的 VC-4 复用到 AU-4 后，16 个 AU-4 又可复用到一个 AUG-16。

各种信号装入 SDH 帧结构都需经过映射、定位校准和复用三个步骤。

映射相当于对信号打包的过程，它使不同的支路信号在 SDH 网边界与相应的 *n* 阶虚容器（VC-*n*）容量同步，是 VC-*n* 独立进行传送、复用和交叉连接的实体。定位校准即加入调整指针，用来校正支路信号频差和实现相位对准。复用即字节间插复用，用于将多个低阶通道层信号适配进高阶通道或将多个高阶通道层信号适配进复用段层。

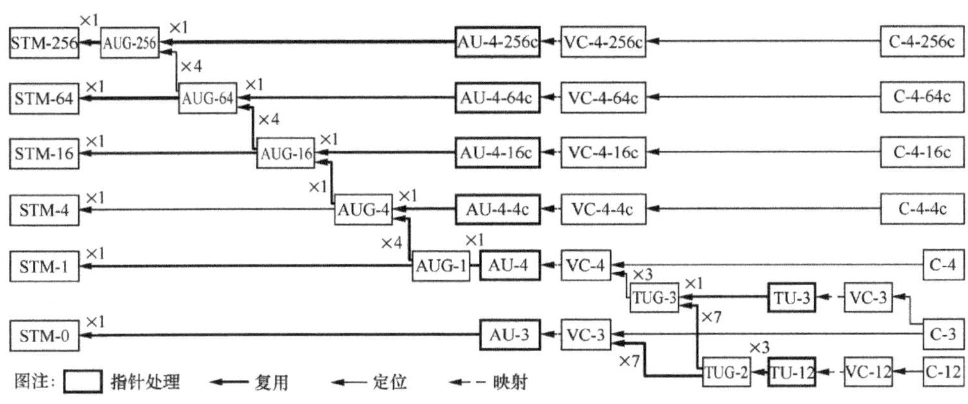

图 4-3　国际标准规定的 SDH 复用结构

AU 是一种为高阶通道层和复用段层提供适配功能的信息结构，由高阶 VC 和 AU-PTR 组成。其中 AU-PTR 用来指明高阶 VC 在 STM-*N* 帧内的位置，因而允许高阶 VC 在 STM-*N* 帧内的位置是浮动的，但 AU-PTR 本身在 STM-*N* 帧内位置是固定的。一个或多个在 STM-*N* 帧内占有固定位置的 AU

组成管理单元组 AUG，它由 3 个 AU-3 或单个 AU-4 按字节间插方式组成。同样，TU 是一种为低阶通道层和高阶通道层提供适配功能的信息结构，由低阶 VC 和 TU PTR 组成。TU PTR 用于指明低阶 VC 在帧结构中的位置。一个或多个在高阶 VC 净负荷中占有固定位置的 TU 组成支路单元组 TUG。最后，在 N 个 AUG 的基础上再附加上段开销 SOH 便形成了最终的 STM-N 帧结构。SDH 信号比特率见表 4-1。

表 4-1　SDH 信号比特率

SDH 等级	比特率（kbit/s）	最大通道容量（等效话路）
STM-1	155520	1890
STM-4	622080	7560
STM-16	2488320	30240
STM-64	9953280	120960
STM-256	39813120	483840

4.2.4　MSTP 技术

4.2.4.1　MSTP 技术原理

随着业务层的多样化，光传送网中引入多业务传送平台（MSTP）的概念，以满足不同用户日益增长的高带宽、多业务的需求。MSTP 指一种能够针对多种业务特点进行处理的传送网节点设备，是 SDH 为适应数据业务交换而进行扩展的一项技术。通过灵活的业务适配将不同颗粒的多种业务、多种协议映射到 SDH 帧结构中，并通过 SDH 网传送，在一个多业务平台上，有效地支持数据、语音和图像业务，MSTP 功能如图 4-4 所示。

伴随着电信网络的发展，MSTP 技术也在不断进步，主要体现在对以太网业务的处理上，共经历了从支持以太网透传的第一代 MSTP、支持二层交换的第二代 MSTP 和当前支持以太网业务 QoS 的第三代 MSTP。第三代 MSTP 的主要技术特征是引入了中间的智能适配层（1.5 层）、采用 GFP（高速封装协议）、支持虚级联和链路容量自动调整（LCAS）机制，因此可支持多点到多点的连接、具有可扩展性、支持用户隔离和带宽共享、支持以太网业务 QoS、SLA 增强、阻塞控制、公平接入以及业务层环网保护。MSTP 包含的主要技术有：虚级联技术、LCAS 技术、内嵌 RPR 及内嵌 MPLS 等。

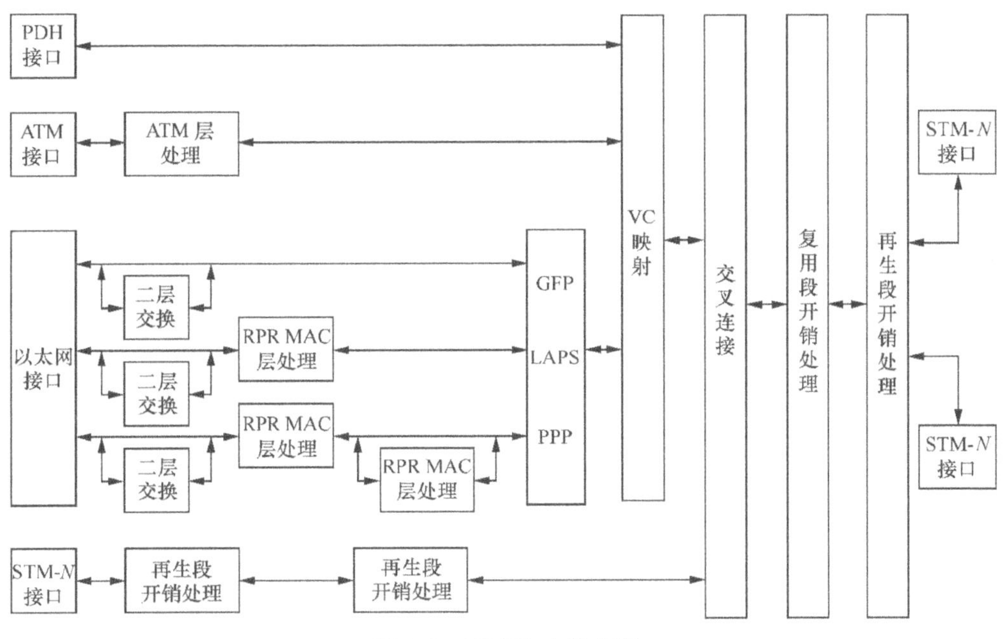

图 4-4　MSTP 功能方框

所谓内嵌式 MPLS，就是在 MSTP 中引入 MPLS 技术，用于对数据业务的传送。它的主要特征为：将以太网业务适配到 MPLS 帧，并进行 MPLS 层面的处理；将 MPLS 帧映射到 SDH VC 中传送；能指定虚容器虚级联通道作为 MPLS 的传送通道；具有 MPLS 层面的功能，如业务的服务等级划分及按等级进行调度处理，信令、标签交换、LSP 保护、OAM 功能等。与一般的 MPLS 一样，内嵌也分为数据平面与控制平面，其中数据平面主要完成业务流分类、以太网业务的 MPLS 层面适配、MPLS 帧到 SDH VC 的映射与标签交换等。控制平面主要完成包括信令、OAM、QoS、LSP 保护、L2 VPN、TE 等。

4.2.4.2　MSTP 技术特点

MSTP 技术是在 SDH 平台的基础上增加了多业务处理模块，具有以下特点。

（1）**具有良好的兼容性**

MSTP 既有一定的技术前瞻性（面向未来的基于 IP 的光互联网络），又具有良好的兼容性（能够兼容传统的基于 SDH 技术的光网络）。因此，MSTP 是本地网 / 城域网转型期较为理想的过渡性技术。由于网络转型是一个相对缓慢的、渐进的过程，所以 MSTP 技术在一段时间内将有广阔的生存空间和发展前景。

（2）**集成多种功能**

MSTP 设备基于 SDH 平台，同时实现 TDM、ATM、以太网、IP 等业务的接入处理和传送，并提供统一网管的多业务平台，这样就减少了网络中网元的种类，简化了网络结构。

① 支持多业务接口，包括 PDH、SDH、ATM、POS、以太网接口等，实现了真正意义上的多业务传送平台，大大简化了设备结构，并能通过不同业务的接口，满足用户对业务接入和传送的需求。

② 支持多种协议：MSTP 可以分离不同类型的传输流，并将传输流集合或交换到相应的目的地。

③ 支持协议和接口的分离：一些 MSTP 产品把协议处理与物理接口分离开，可以根据不同的应用环境为同一物理端口配置不同的协议，增加了在使用给定端口集合时的灵活性和扩展性。

（3）**网络易于升级**

MSTP 设备在网络中的角色可以灵活配置，因此系统拥有较好的可扩展性。在网络建设的初期，由于业务量较小或者对业务量特征掌握不充分，可以对 MSTP 设备采用较低的配置，这样不但减少投资风险，而且可以节约建设成本。当需要对网络进行性能调整或者系统扩容时，可以对 MSTP 进行平滑的升级。

（4）减少网络类型

当采用 MSTP 设备组建网络时，由于网络中网元类型的减少，网络的维护和管理成本也会降低。尤其是 MSTP 设备可使用统一的网络管理系统，改变了对不同网元类型分别采用不同网管系统的被动局面，减少了业务开通的时间、提高了网络监测能力，为提高网络服务质量提供了必要条件。另外，网络中网元类型的减少同样也减少网络互连互通的压力，提高了网络设备间协同工作的能力。

（5）支持多种拓扑

可以支持多种网络拓扑结构（线型、星型、环型、网状等），能够应用在本地网 / 城域网的核心层、汇聚层和接入层，支持多种业务类型和高层应用。

总而言之，MSTP 设备既具有技术先进性，又直接面向现在本地网 / 城域网建设需求，现阶段可以作为解决不同业务种类和带宽需求的有效手段。

4.2.5　ASON 技术

ASON（自动交换光网络）是传输技术发展的重要里程碑，通过在传统的静态光网络中引入动态交换和智能控制能力，从而使光网络从传统的"承载网络"向"业务网络"演进，从被动的网络管理（监控）向主动的控制网络演进，增加了网络的智能性、灵活性和可靠性，是具有交换功能的下一代光传送网，代表着光网络的发展方向。

4.2.5.1　基本概念

自动交换光网络是自动交换传送网（ASTN）的子集，ITU-T 对 ASTN 的定义是"一种能够由控制平面执行连接控制、自动完成配置和连接管理的传送网络"，主要特征是在原来的管理平面和控制平面之间引入控制平面，对具体的传送技术没有限制。

ASON 是基于光传送网完成传送功能的一种 ASTN 具体实现方式，是研究 ASTN 的主要方向。具体实现可以基于目前的 SDH 传送平面、OTN 传送平面，或基于后面将要提到的 PTN（分组传送网）传送平面，引入控制平面完成。

所谓 ASON 是指在信令网控制下完成光网络连接自动交换功能，具有网络资源按需动态配置能力的光传送网络。它的核心内容是在光传送网络中引入控制平面，实现网络资源实时的动态分配，形成智能化的光网络。

4.2.5.2　体系结构

ITU-T 建议 G.807 和 G.8080 明确了 ASON 的需求和体系结构，ASON 除了具有传送平面（Transport Plane，TP）、管理平面（Manageeemrnt Plane，MP）之外，增加了控制平面（Control Plane，CP），三大平面构成了 ASON 总体功能构架模型。此外，还包括用于控制和管理通信的数据通信网（Data Communication Network，DCN），具体如图 4-5 所示。

图 4-5 反映了控制、管理、传送平面之间的组成关系及相应接口 。

传送平面：是 ASON 节点的基础，主要任务是在两个地点之间提供单向或双向的端到端用户信息传送与控制和网络管理信息的传送。它由一系列的传送实体组成，主要包括接口适配、交叉连接单元和物理传送链路，并接受其他两个平面的控制和管理。

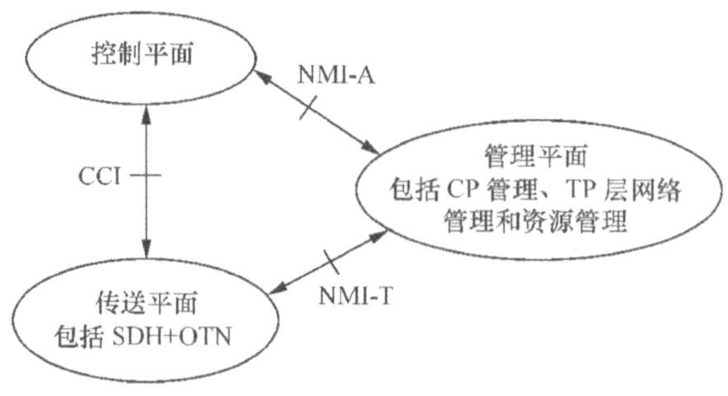

图 4-5　ASON 功能结构模型

控制平面：主要完成呼叫控制和连接控制，用于支持连接的接受、发现、建立和释放等。通过信令的交互，完成对传送平面的控制，指挥传送平面完成连接的建立、释放等功能，也可以在管理平面的作用下实现连接的控制。接口是控制平面技术的关键，信令、路由、链路管理协议是控制平面的核心。

管理平面：主要增加了对控制平面的管理，除了实现对整个网络的"5 项管理功能"之外，负责对整个网络的协调管理，包括链路资源信息的管理、地址配置和寻址、控制策略制订等，达到管理功能的智能化和分布化。

DCN 是 ASON 体系结构中重要的组成部分。通过 DCN 实现管理平面、控制平面、传送平面内部以及三者之间的管理信息和控制信息通信提供传送通路。DCN 是一个基于分组的通信网，支持网络层、数据链路层和物理层功能的网络，主要承载管理信息和分布式信令消息。

4.2.5.3　技术特点

自动交换光网络与传统光网络的主要区别是引入了控制平面技术，拓展了 IP 网络的路由与信令协议，增加了网络节点的智能化，实现了光网络的交换与控制。具体特征主要体现在以下几方面。

（1）**自动建立连接**

能够动态、自动地完成端到端光通路的建立、拆除、修改和维护。

（2）**实时流量控制**

具备实时的流量工程控制，允许将网络资源动态地分配给路由，并进行智能化的配置，实现业务的分类。

（3）**资源自动发现**

具有地址分析、邻接发现、业务发现等功能，为网络的高效与快速提供了方便。

（4）**直接提供业务**

在光层面上能直接提供各种新业务。

（5）**网络恢复能力**

具有多层网络恢复能力，使网络具有抗毁性，提高网络资源的利用性。

（6）**多种业务颗粒**

具有 VC-*n*，波长级颗粒的交换能力。

4.3　组网及应用

4.3.1　SDH 组网技术

SDH 光传输系统通常按网络结构的不同，分为线型系统和环型系统两种基本类型，其他如星型、树型、网孔型等均是这两种基本类型的不同组合应用衍生而来的。

4.3.1.1　线型系统

线型系统网络结构示意如图 4-6 所示。线型系统由终端复用器（TM）、再生中继器（REG）、分插复用器（ADM）等设备按照线型结构方式组织实现。线型系统方式对光缆物理路由要求简单、实施容易，缺点是安全性差，任意一处故障均会造成业务丢失。

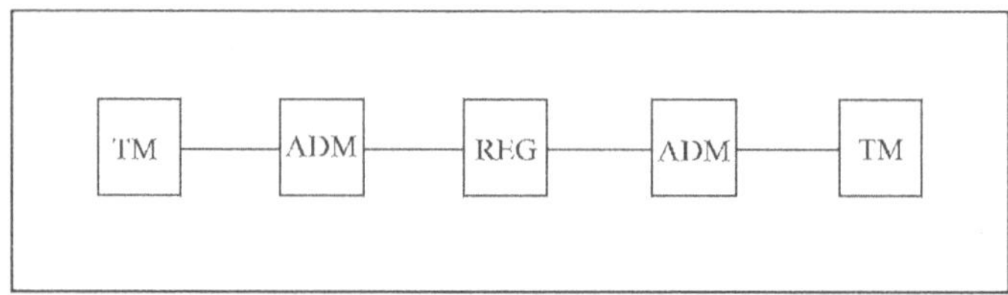

图 4-6　线型系统网络结构示意

4.3.1.2　环型系统

环型系统网络结构示意如图 4-7 所示。环型系统由分插复用器、再生中继器等设备按照环型结构方式首尾相接构成的。环型系统方式要求光缆物理路由相对丰富，由于采用保护环方式，安全性较高，业务不易造成损失。

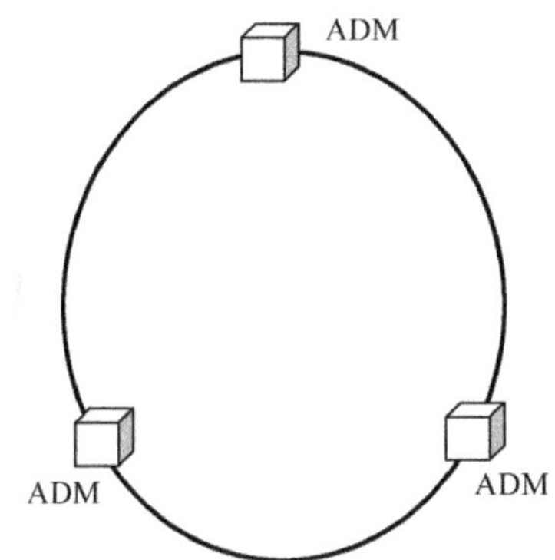

图 4-7　环型系统网络结构示意

4.3.2　ASON 组网技术

ASON 要实现智能地控制网络，需要多种技术来支持，下面分别描述。

4.3.2.1　拓扑自动发现

（1）控制拓扑自动发现

智能光网络的光纤连接完成之后，每个智能网元通过 OSPF 协议能够自动发现控制链路，并把自己控制链路向全网洪泛。每个网元都得到全网的控制链路信息，也就得到全网的控制拓扑。

控制拓扑自动发现如图 4-8 所示，全网光纤连接完成之后，智能网元能够自动发现全网控制拓扑。

（2）业务拓扑自动发现

智能网元通过链路管理协议（LMP）发现并校验相邻网元之间的控制通道后，即可进行 TE 链路校验。每个智能网元都通过 OSPF-TE 协议将自己的 TE 链路信息洪泛到整个网络，这样每个都得到全网的 TE 链路信息，也就得到全网的业务拓扑。智能软件可实时发现业务拓扑发生的改变，包括链路增加、链路参数变化和链路删除等，并上报网管，网管进行实时刷新。

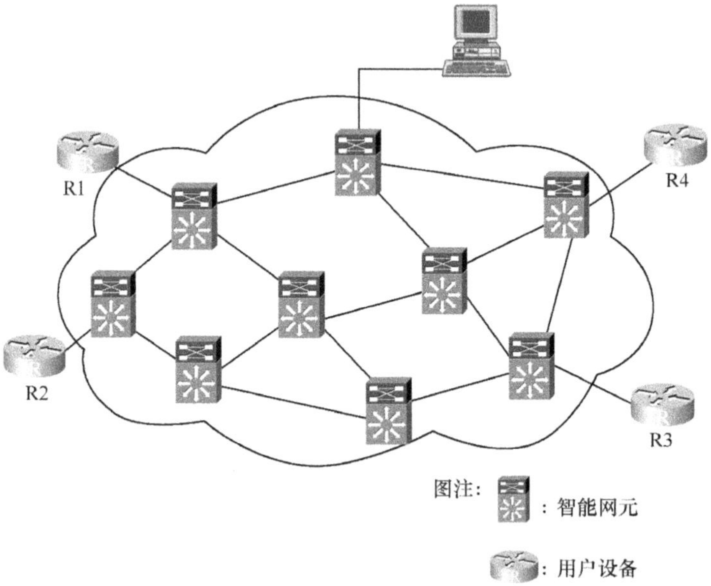

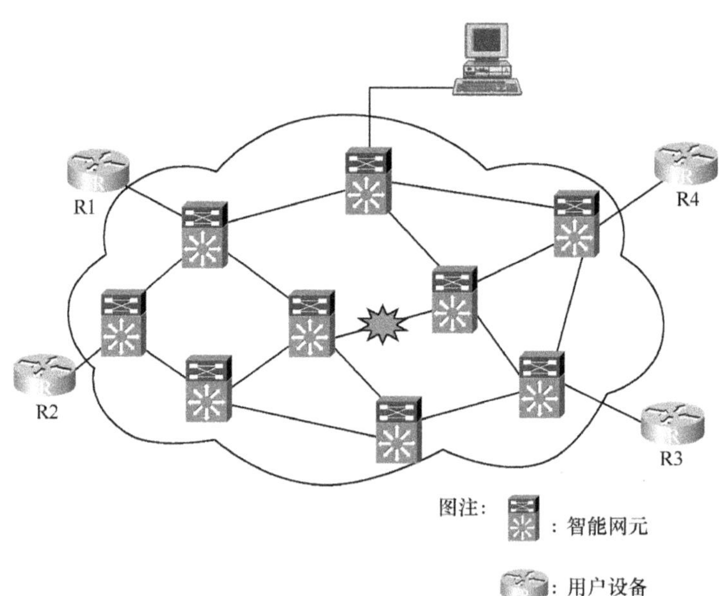

图 4-8　控制拓扑自动发现

业务拓扑自动发现如图 4-9 所示，如果其中一条 TE 链路断掉，网管将实时刷新网管上的业务拓扑。

图 4-9　业务拓扑自动发现

4.3.2.2　端到端业务配置

智能光网络在支持传统 SDH 静态业务的同时，还支持端到端的智能业务。这时，只需知道源节点、目的节点、需求带宽和保护级别，即可完成业务的配置，智能网元自动选择路由并创建各个节点的交叉连接。当然，还可以通过设置必经节点、排除节点、必经链路和排除链路约束业务的路由。

与传统 SDH 端到端配置相比，这种业务配置方式充分利用了各个智能网元的路由和信令功能，保证快速、便捷地配置业务，如图 4-10 所示，在 A 和 I 之间配置一条智能业务。

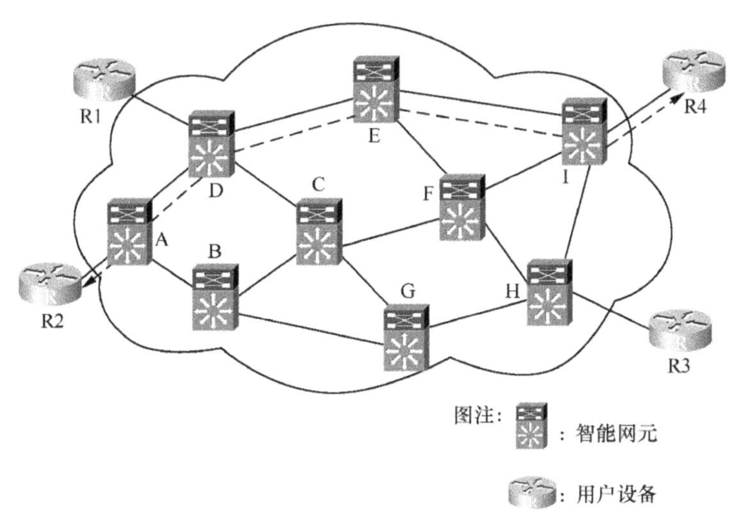

图 4-10　端到端业务配置示意

4.3.2.3　Mesh 组网保护和恢复

智能光网络支持 Mesh 组网保护，增强网络的安全性和业务的生存性。Mesh 组网是智能光网络的主要组网方式之一，这种组网方式具有灵活、易扩展的特点。与传统 SDH 组网方式相比，Mesh 组网不需要预留 50% 的带宽，在带宽需求日益增长的情况下，节约了宝贵的带宽资源；而且在这种组网方式下，恢复路径可以有很多条，提高了网络的安全性，最大程度上利用整个网络资源。

Mesh 组网保护和恢复如图 4-11 所示，C-G 之间的光纤断开时，为了达到业务恢复的目的，重新计算一条从 D 到 H 的路由，并建立新的 LSP，业务经新的 LSP 传送。

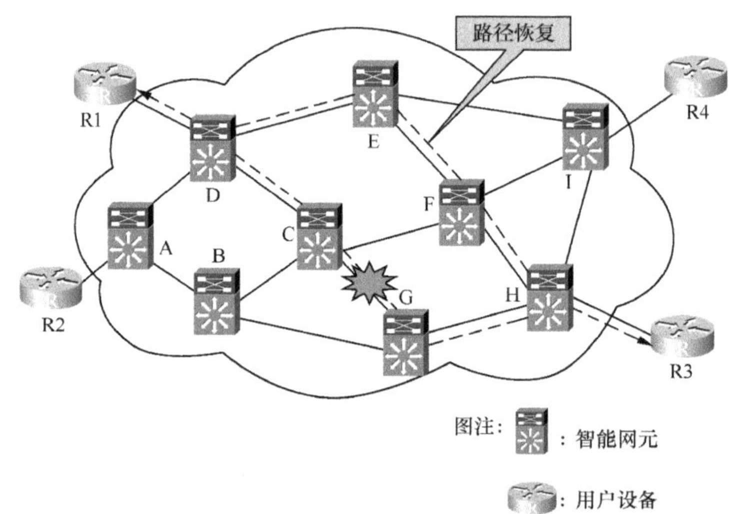

图 4-11　保护和恢复示意

4.3.2.4　差异化服务

智能光网络可以根据客户需求层次的不同，对不同的业务可提供不同保护恢复等级的服务。

4.3.3　网络保护和恢复

4.3.3.1　基本概念

保护和恢复的主要区别在于适用的网络拓扑、业务的恢复速度以及保护容量的确定性因素。

保护是在网元内以分布行使实施的保护机制，不需外部网管系统介入。保护机制通常以物理层的缺陷作触发，可以快速监测到故障；保护机制采用在故障发生前就在节点间预先配置好专用保护容量，无需外部网管系统干预，因此业务恢复速度很快。其缺点是需要较大的备用容量且备用资源无法在网络范围内共享。另外，保护机制通常不能应付节点失效和网络范围的多点失效故障。

恢复原则上可适用于任意技术和任意拓扑，但最适合于网状网。恢复能最佳地利用网络容量资源，可以利用节点之间可用的任何容量，包括预留的专用空闲备用容量、网络专用的容量乃至低优先级的额外容量，还需要准确知道故障点的位置，在网络中寻找失效路由的替代路由，因而恢复算法与网络选路算法相同。适用互访方法时，传送网必须预留一部分专用空闲备用容量，供重路由的业务量使用；网络恢复主要靠网元产生的告警消息触发，往往需要网管系统介入（指集中恢复，分散恢复不需要），较保护方式需要的时间较长。

4.3.3.2　保护

保护的分类方式有多种，从网络的功能结构上，SDH 保护结构可以划分为两类：路径保护和子网连接保护。

（1）**路径保护**

当工作路径失效或性能劣于某一必要的水平时，工作路径将由保护路径代替。路径保护包括线性复用段保护、复用段共享保护环、复用段专用保护环、线性 VC 路径保护等。通常对于环长在 1200km 以内，不超过 16 个节点的 SDH 复用段保护环，其保护倒换时间在 50ms 以内。

① 线性复用段保护

SDH 复用段保护倒换（MSP）又分为 1+1 方式和 1:N 方式：1+1 方式的特点是有两个并行的复用段同时传送 STM-N 信号，一个开通业务，而另一个作备用。1:N 方式的特点是 N 个工作复用段共用一个保护复用段，当后者未被主用占用时，这个额外的复用段可用来传送额外的业务量。这种保护方式主要用于光缆切断（当工作复用段和保护复用段路由不同时）、再生器失效和复用段性能劣化等情况。

② 复用段共享保护环

SDH 复用段共用保护环的特点是将复用段能支持的总的净负荷容量平分给工作容量和保护容量，两者分别经相反的方向由不同的环传送。所谓共用就是指光缆切断或节点失效时，环的保护容量可以由多节点环的多个复用段共用，这就使得这种结构在正常条件下的业务量携带能力比其他环要大。在非失效条件下，共用保护环中的空闲保护容量可以用来传送低优先级的业务量。

③ 复用段专用保护环

SDH 复用段专用保护环的特点是采用 1:1 保护方式单向工作。在失效故障条件下，全部管理单元组（AUG）容量环回至保护通路。这种工作方式的容量利用率不是很高，但其实现比较简单。总的看，这种环结构没有什么特殊优点，尚未见到商用系统。

④ 线性 VC 路径保护

这是一种专用的端到端保护机制，可以适用于任何物理结构（网状、环或混合形式），既可以是单向倒换，又可以是双向倒换。路径保护通常用来对付服务层的失效以及客户层的失效和性能劣化。保护方式可以是使用专用保护路径的 1+1 方式，也可以是 1:1 方式，此时保护路径可以用来支持额外业务量，而且需要自动保护倒换（APS）协议协调两端的操作。由于 VC 路径保护是专用路径保护机制，因而对于网路连接内的网元数没有限制。

（2）子网连接保护

当工作子网连接失效或者性能劣于某一必要水平时，工作子网连接将由保护子网连接代替。子网连接保护（SNCP）既适用于高阶通道，又适用于低阶通道。为了支持子网连接保护，需要有两个专用通道，一个携带业务量，另一个作备用。这种保护机制的最大特点是可以适用于任何物理传送结构，例如网孔型、环型或任意混合拓扑，既可以用来保护完全的端到端通道，又可以仅保护通道的一部分。后面这一点是与前述线型 VC 路径的主要区别点，使其在网络应用上有更大的灵活性。

对于 ASON，"保护"是指利用空闲的容量提高连接有效性的一种生存性措施。ASON 中，由控制平面主要负责网络中连接的创建，包括工作和保护连接的创建以及为保护方案提供连接的特定配置信息。对于传送平面的保护，其保护配置主要是通过管理平面完成。对于控制平面的保护，其保护配置在控制平面下完成。

4.3.3.3　恢复

按照管理方式主要分为集中式和分布式。

采用 DXC（数字交叉连接设备）组网实现的恢复方式是集中式恢复，目前已较少使用。

对于 ASON，"恢复"是指通过使用网络的空闲容量重新选路替代出现故障的连接。与保护相比，在恢复过程中，支持连接的部分或全部 SNP 可能被更改。ASON 的恢复可以采用集中式或分布式，分布式效果较好。

4.4　未来发展趋势

SDH 作为一种成熟的传输体系，具有上下电路方便，维护、控制、管理功能强，标准统一，较强的业务保护及多业务承载等优点。20 世纪末以来，SDH 技术已经成为国家通信基础设施的建设重点，SDH 技术得到了广泛的应用与发展。今后 SDH 技术将向大交叉容量、智能化方面发展。

4.4.1　大交叉容量

实现颗粒为 VC-4 的大容量交叉连接技术难度很大，主要表现在交叉规模太大，芯片的规模和功耗很大，实现不太容易。目前最大容量的交叉芯片有 160Gbit/s、180Gbit/s，实现 320Gbit/s 交叉容量需要采用多片级联的方法构造。采用 3 级 CLOS 方式构建大容量交叉连接矩阵，高速连线数量非常多，交叉算法非常复杂。当前的交叉芯片的实现技术主要有两种：一种是采用时分 - 空分 - 时分（TST）结构的交叉技术实现，采用该技术芯片电路规模小一点，但在交叉连接的实现算法比较复杂，交叉连接的实现速度、重构性等方面有些不足；另一种结构是一种基于比特切割的实现方法，可以实现任意端口、任意时隙之间的交叉，实现算法简单，容易级联与扩展，交叉连接的速度快、重构性强。

4.4.2 智能化

当前传送网智能化已被业界公认为传送网发展的方向。近几年来，随着 IP 业务的爆炸性增长，对网络带宽的需求不仅变得越来越大，而且由于 IP 业务量本身的不确定性和不可预见性，对网络带宽的动态分配要求也越来越迫切。原始方法主要靠人工配置优化网络资源连接，耗时费力且容易出错，不仅难以满足现代网络和新业务拓展的要求，也难以适应市场竞争的需要。

智能光网络将 IP 技术的灵活和效率、SDH 的保护能力、WDM 的容量通过创新的分布式网管系统有机地结合在一起，形成以软件为核心的能感知网络和用户服务要求，并能按需直接从光层提供服务的新一代光网络。

作为下一代传送网的传送层面，ASON 的目标就是为了满足下一代网络的传送需求。扩展分组技术，能够提供包括电信业务在内的多种业务，在业务相关功能与传送层传送相关功能分离的基础上，能够利用多种宽带、有 QoS 支持能力的传送技术等方面的特征，满足从分组到波长的传送需求。同时利用高速率、大容量的传送技术提供充足的带宽资源支持多种业务。具有端到端的业务等级和透明的传输能力，引入控制平面，解决网络智能性和动态性的结合，同时提供与传统网络互通的能力。

思 考 题

1. 请描述 PDH 技术中传输信号的速率等级。

2. SDH 技术的主要特点有哪些？

3. SDH 信号帧结构由哪些部分组成？

4. 简述 MSTP 的主要特点。

5. ASON 的定义是什么？

6. 传输网络有那些基本拓扑结构？

7. 线型 SDH 传输系统网络由哪些基本设备组成？

8. ASON 拓扑自动发现包括哪些方面？

9. Mesh 组网作为智能光网络的主要组网方式之一具有哪些优势？

10. 网络保护与恢复的概念和区别，网络保护与恢复包括哪些类型？

11. SDH 技术发展主要体现在哪些方面？

第5章
分组化传送网技术

5.1　分组化传送技术的引入

随着数据业务和多媒体业务的不断发展，固定宽带接入和移动宽带接入的不断拓展和普及，消费者借助手机、电脑和电视屏幕随时随地享用各种完整通信服务的需求越来越大，推动电信运营商业务向着移动＋固定的"全业务宽带"转变。"全业务宽带"意味着用户发起的业务种类大大增加，而新兴的语音、视频、数据业务绝大多数是基于分组化的，而对于固定、移动等不同业务，其带宽、安全隔离和质量保障需求不尽相同，这使得作为基础网络的传送网络需要基于业务的不同需求进行"个性化"的承载，以适应业务的不断变化。传统的 SDH/MSTP 技术已经不能很好地满足这类业务的传送需要，尤其是 LTE 网络的快速部署，更促使传送网分组化如火如荼地发展起来，推动了技术领域的更新换代，传统的 SDH/MSTP 技术正逐步被分组传送承载技术所替代。

光传送网面对新的承载需求，需要选择合适的承载网络技术，适应网络流量分组化、宽带化和多样化的趋势，为数据业务提供与传统电路业务无差异的可用、有效的可管理服务，对传送网的要求主要表现在以下 6 个方面。

（1）**巨大的带宽需求**

由于 IPTV、TriplePlay 和视频需求等宽带业务的迅速发展，对光传送网络带宽的需求变得越来越大。电信网中以 GE/10GE、2.5/10/40Gbit/s POS 接口为代表的大颗粒宽带业务大量涌现，飞速增长的 IP 流量需求直接反映在光传送网层面。

（2）**高效灵活的带宽使用**

分组化业务对网络带宽的突发性需求越来越大，而且分组化业务量本身的不确定性和不可预见性，对网络带宽的动态分配要求也越来越迫切。基于 TDM 交换方式的 SDH 或 MSTP 技术提供刚性管道，承载分组化业务时，系统利用率低下。而分组化传送网技术不再面向刚性连接，采取分组交换的方式提供软性通道，可提供业务带宽统计复用等分组化业务承载功能，提高了大颗粒宽带 IP 业务进行高效、灵活的调度、传输和管理能力，有助于提高网络的智能化，便于部署各类策略，发展智能管道。

（3）**业务的 QoS 保障**

基于 IP 的语音、视频业务，由于实时性方面的需求，对光传送网的时延抖动、丢包率等提出了比传统的数据网络更高的 QoS 要求，这就需要光传送网能够提供端到端分组化承载方案，在业务承载时减少网络中协议转换的次数。简化封装、解封装的过程，使得链路更加透明可控，实现了网元到网元的对等协作、全程全网的 OAM 以及层次化的端到端 QoS，降低网络复杂度，简化网络配置。

（4）**电信级可靠性**

提供端到端的操作、管理和维护故障检测机制，从业务层面和隧道层面对业务质量和网络质量进行管控，同时网络还需要电信级的保护倒换能力，确保语音、视频等高实时性业务的服务质量。

（5）**多业务承载**

随着业务 IP 化的加速发展，电信网络承载的业务类型已发生了根本性变化，由 TDM 为主向分组流量占优转变。传送网络应满足 TDM 和分组化等各类业务的综合承载需求，实现多业务承载时的资源统一协调和控制层面统一管理，提升运营商的综合运营能力。

（6）**设备的标准化**

使用标准化的通信及管理协议，具备良好的互联互通性，实现不同厂商设备互通和不同运营商业务互通。

近年来，国内三大电信运营商分别部署了各自的分组化传送网络，其中，中国移动使用 PTN（Packet Transport Network，分组传送网）技术构建传送网络，中国联通和中国电信采用 IP RAN（IP Radio Access Network，IP 化的无线接入网）技术。PTN、IP RAN 的出现，使得传输领域开始变革，传输的分组化是大势所趋。

5.2　系统结构及关键技术

5.2.1　分组化传送网技术简介

5.2.1.1　PTN 技术

（1）**PTN 的定义**

PTN 是分组化传送网技术的一种，是基于分组、面向连接的多业务统一传送技术，是 IP/MPLS、以太网和传送网三种技术相结合的产物，能较好地承载电信级以太网业务，同时兼顾了传统 TDM 业务。

PTN 在 3G/4G 无线回传、集团客户专线、IPTV 等高品质业务承载领域，具有面向连接的多业务承载、良好的网络保护、完善的运行管理维护机制、全面的 QoS 保障以及功能强大的传送网管功能等核心技术优势。在 PTN 技术发展之初，主要有以下两种实现技术。

一种是从 IP/MPLS 技术发展来的 MPLS-TP 技术。MPLS-TP 技术抛弃了 IP/MPLS 技术基于 IP 地址的逐跳转发，增强了 MPLS 面向连接的标签转发能力，从而具有确定的端到端传送路径，增强了网络保护、OAM 和 QoS 能力。

另一种是从由以太网发展而来的 PBT 技术（又称 PBB+TE 技术）。PBT 解决了运营商和客户之间的安全隔离并提高了网络扩展性，增加了流量工程（TE），从而增强了 QoS 能力。PBT 技术主要支持环型组网，现在可支持点到点的传送，多点业务支持需要借助 PBB 和 PLSB 技术。

比较两种传送技术，MPLS-TP 是从 IP/MPLS 技术发展来的，是 IP/MPLS 的子集，具有和核心网 IP/MPLS 互通的技术优势，可具有类似于 SDH 的端到端 OAM 及 QoS 保证，更适合组建承载复杂业务的传送网络；而 PBT 技术由于受产业链状态的影响，发展停滞不前。目前 MPLS-TP 已成为 PTN 的主流实现技术，国内外主流传输设备商均基于 MPLS-TP 技术研发和生产 PTN 设备产品，MPLS-TP 已成为 PTN 主流的实现技术，以下基于 MPLS-TP 技术介绍 PTN。

（2） PTN 分层结构

PTN 的分层结构，包括客户业务层、虚通道（VC）层、虚通路（VP）层和传输媒质层，其中传输媒质层包括虚段（Virtual Section，VS）层和底层的物理媒介层。虚通道层、虚通路层和传输媒质层中的虚段层分别对应网络实例伪线层（PW）、标记交换路径层（LSP）、段层（Section），其分层结构如图 5-1 所示。

虚通道层（伪线 PW 层）网络实例提供传送业务层功能，一个 PW 连接承载一个客户业务实体（包括一个单个客户业务或一组客户业务）。PW 层网络实例提供操作维护管理，用于客户层业务的固有监测。VC 层网络实例的连接跨越整个网络，关注端到端业务的 SLA 实现和层次化的 QoS 服务，它与业务是一一对应的关系，其交换行为发生在城域网两端边缘设备。

虚通路层（标记交换路径层）网络实例提供传送路径层功能，一个 LSP 连接承载边界间域内的一个或多个 PW 信号。LSP 层网络实例提供 OAM 用于路径监测，LSP 连接的覆盖范围是单个网络域，关注业务汇聚、可扩展性和生存性，一个或多个 PW 映射到一个 LSP 连接，其交换行为发生在该网络中的每个中间节点上。

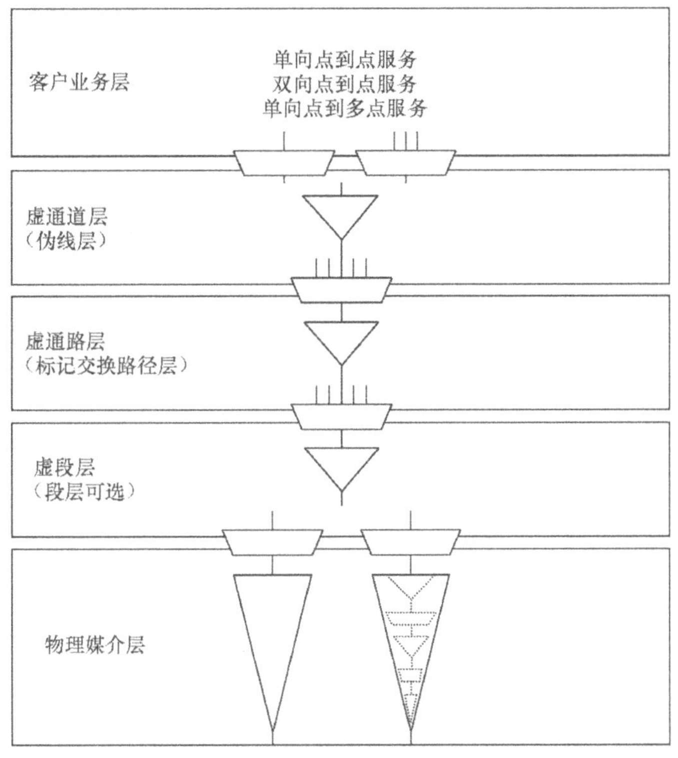

图 5-1　PTN 技术分层结构示意

虚段层（MPLS-TP Section）网络实例提供段层功能，一个段连接承载 MPLS-TP 网络节点间的一个或多个 LSP 信号。段层网络实例提供 OAM，用于点到点互联的 MPLS-TP 网络节点的传输媒介层信号的连接监测。MTS（MPLS-TP Section）负责 MPLS-TP 节点间的点到点连接，关注资源的互通性、有效性和保护。

5.2.1.2　IP RAN 技术

IP RAN（IP Radio Access Network）在国外更普遍的说法是 IP Mobile

Backhaul，意指用 IP 技术实现无线接入网的数据回传，它并不是一项全新的技术，而是在已有 IP、MPLS 等技术的基础上，进行优化组合形成的，不同的应用场景会出现不同的组合。

广义的 IP RAN 是实现无线基站回传的 IP 化传送技术总称，并不特指某种具体的网络承载技术或设备形态。后来思科提出以 IP/MPLS 为核心的 RAN 技术，并直接命名为 IP RAN。鉴于思科在数据通信行业的强势地位，以至于目前普遍将 IP/MPLS-IP RAN 承载方式称为 IP RAN。

IP RAN 的技术核心是 IP/MPLS 技术，如图 5-2 所示。目前二层虚拟局域网技术 L2 VPN、L3 VPN，都是支持基站回传的主要解决方案。

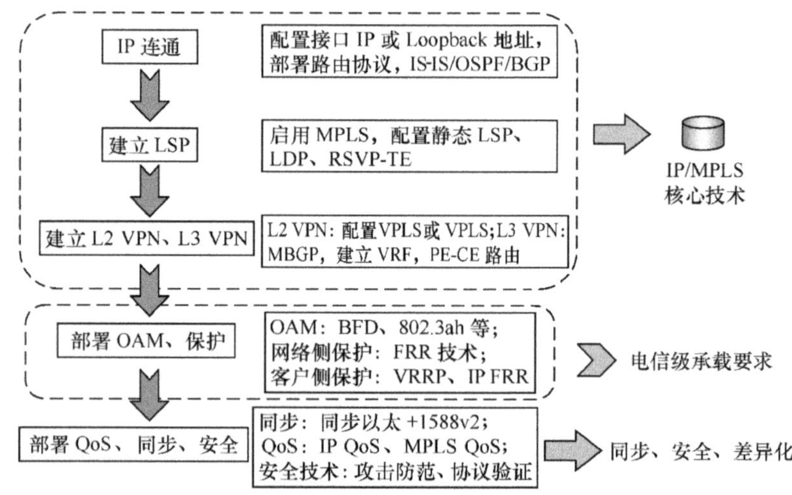

图 5-2　IP RAN 技术功能结构示意

MPLS 在 IP 路由和控制协议的基础上，提供面向连接（基于标记）的交换机制。这些标记可以被用来代表逐跳式或者显式路由，并指明 QoS、虚拟专网以及影响一种特定类型的流量（或一个特殊用户的流量）在网络上的传输方式的其他各类信息。

从技术发展的角度来看，PTN 和 IP RAN 都是传送技术适应分组化要求的产物，为了满足各类业务对 QoS 等功能及性能的需求，均选择了 MPLS 隧道技术，并根据各自技术的不同进行相应的完善和改进。MPLS（Multi-

Protocol Label Switching，多协议标签交换）技术位于数据链路层和网络层之间，它支持 IP、IPv6、IPX 等多种三层协议，是基于标签信息进行报文进行转发的，各节点检查入站包的标签，并与标签库进行对比，根据标签库提供的信息，为数据包打上新的标签，并将数据包从相应的接口传送出去，形成端到端的软性传送隧道。与 SDH 的刚性管道不同，MPLS 拥有弹性管道，具备完善的"带宽统计复用"和"差异化服务"能力。

在 3G 初期，运营商主要通过 MSTP 技术实现移动回传。但随着 3G 发展的加快以及 4G 技术的应用，数据流量出现了飞涨，运营商必须进行无线回传网的扩容增加带宽。同时，各类业务 IP 化的发展趋势也越来越明显。在这两方面的推动下，传送网络分组化的趋势日益突出：为了适应分组化的要求，在借鉴传统传送网一些思路的基础上，在 MPLS 技术上增加了数据处理及管理能力，形成 PTN 技术；而原有的数据处理设备，如路由器、交换机等，也从过去单纯地承载 IP 流量逐渐进入移动回传领域，以 MPLS 为基础，结合其他二层和三层数据处理技术形成了 IP RAN。

5.2.2　分组化交换技术

5.2.2.1　PTN 交换技术

PTN 设备采用 MPLS-TP 分组交换技术，逐步引入 L3 层交换功能，以满足各类业务的承载需求。

（1）MPLS-TP 交换

在 PTN 设备中 MPLS-TP 交换功能完成数据报文的高速处理和内部无阻塞交换，包括报文的封装和解封装、业务报文内容的解析和转发处理、MPLS-TP 报文的解析和转发处理以及各种统计。

MPLS-TP 可以独立地进行基于 LSP 和 PW 的标签交换，无论加载或不加载控制平面，对建立和维护 LSP/PW 没有影响。当采用静态业务指配时，不依赖动态的路由和信令。

MPLS-TP 交换功能配合相应的功能模块可完成如下功能的实现。

① 配合调度模块，识别和更新报文的调度信息；

② 配合 OAM 和保护模块，提取和下发 OAM 和保护报文，并完成保护倒换行为；

③ 配合协议模块，提取和下发协议报文；

④ 通过 MPLS-TP 的 OAM 功能，可实现对 LSP/PW 的监控。

（2） L3 *层路由交换*

为了承载 LTE 基站中的 x2 接口，在 PTN 设备中引入了 L3 层基于路由的交换功能。目前 PTN 的 L3 层路由交换功能仅存在于城域核心层 / 汇聚层设备中，可提供基于 IS-IS、OSPF 等动态路由协议交换功能或基于静态路由交换的 L3 VPN 功能，在实际网络中，主要采用基于静态路由交换的 L3 VPN 功能承载 LTE 业务。

5.2.2.2　IP RAN 交换技术

IP RAN 是针对分组化基站回传进行优化定制的路由器 / 交换机承载方案，接入层主要采用二层增强以太技术，或采用二层增强以太与三层 IP/MPLS 相结合的技术方案，在城域核心层 / 汇聚采用 IP/MPLS 技术，以路由器架构为基础的 IP RAN 具备强大的路由能力，更好地支持多业务承载，主要用到的路由协议有 IS-IS、OSPF、BGP 三种。

PTN 和 IP RAN 两种分组化传送网技术的交换功能均引入了 L3 层的路由协议，主要使用的三种路由协议的交换方式如下。

（1） IS-IS *协议*

IS-IS（Intermediate System-to-Intermediate System，中间系统到中间系统）协议是一种路由选择协议。它收集网络内的节点和链路状态信息，构建出一个链路状态数据库，然后运行 SPF（Shortest Path First，最短路径优先）算法计算出到达已知目标的最优路径。

在移动承载网络中，IP RAN 可以在汇聚层和接入层都部署 IS-IS 协议，并推荐部署 IS-IS 多进程；PTN 则仅在核心层和部分汇聚层设备上支持 IS-IS 协议。

（2）OSPF *协议*

路由协议 OSPF（Open Shortest Path First，开放的最短路径优先）是一个内部网关协议，用于在单一自治系统（AS）内决策路由。它的使用不受任何厂商限制，所有人都可以使用，即开放的。与 IS-IS 类似，OSPF 的工作原理也可以分成三步：建立邻里关系、泛洪链路状态信息和计算路径。

对于规模巨大的网络，OSPF 通常将网络划分为多个 OSPF 区域，并只要求路由器与同一区域的路由器交换链路状态。而在区域边界路由器上交换区域内的汇总链路状态，这样可以减少传播的信息量，且使最短路径计算强度减少。

（3）BGP

BGP（Border Gateway Protocol，边界网关协议）用于不同 AS 之间进行路由传播。BGP 并没有发现和计算路由的功能，而是着重于控制路由的传播和选择最好的路由。

一般 IP RAN 在进行端到端部署时使用同一个 AS 号，在 IP RAN 中，涉及 BGP 的主要有两个地方。

① 使用扩展后的 BGP，即 MP-BGP（Multi-Protocol for BGP，支持多协议的 BGP）进行三层 VPN 的路由传播和标签分配。

② 与 RAN CE、承载网等其他数据通信网络进行对接时使用 EBGP（External BGP）。

5.2.3　保护技术

5.2.3.1　PTN 保护技术

PTN 可以实现设备级保护和网络级自愈保护。对于网络级自愈保护可针对 PTN 技术的不同层面进行，支持基于 PW、LSP、段层的保护，也可根据网络结构分为线性保护、环网保护和接入链路保护，包括单向保护倒换和双向保护倒换，返回式和非返回式操作。

在实现 PTN 保护功能时，PTN 的保护倒换触发机制主要依靠自动保护倒换（APS）协议，可提供包括信号失效、信号劣化、外部命令（清除、保护锁定、强制倒换、手动倒换）触发保护倒换。各种保护方式的业务中断时间不大于 50ms。保护倒换后，高优先级业务（如信令、同步报文、话音等）的网络质量（误码 / 丢包率、时延、抖动等）不降低。

（1）**设备级保护**

PTN 设备级保护包括了主控和通信处理单元、交叉和时钟处理单元的 1+1 保护、TPS 保护（支路接口保护）、电源的 1+1 保护以及风扇的保护，能够提高设备自身的生存性。

（2）**网络级自愈保护**

在 PTN 的实际部署中，不同的保护方式会选择不同的技术层次进行，线性保护主要基于 LSP 层进行，环网保护主要基于段层进行，接入链路保护则主要基于网络链路进行。

① 线性保护

- MPLS-TP LSP 线性保护

是基于 MPLS-TP 隧道的路径保护，它保护 LSP 层，提供 1+1 和 1:1 保护方式。

- 双归保护

MPLS-TP 保护定义了相应的双归保护功能，可防止 PTN 设备单点故障造成业务中断，实现同源不同宿的线性保护。双归保护应用于业务双归情况，支持任何网络结构，分为网络侧保护和 AC（Attachment Circuit）侧链路保护两部分。而 AC 侧链路保护根据链路类型分为 AC 侧 SDH 链路保护和 AC 侧 ETH 链路保护两种类型。网络侧支持 1:1，AC 侧 ETH 链路支持 1:1，AC 侧 SDH 链路支持 1:1 和 1+1。

- 分段的 MPLS-TP LSP 线性保护

分段的 LSP 保护也属于 MPLS-TP 隧道的保护，它保护 LSP 层。分段的

LSP 保护使用了多跳 PW（MS-PW）技术，多跳 PW（MS-PW）在中间经过了 S-PE（Switching Provider Edge）设备，在 S-PE 设备上，PW 做了标签交换，从而被划分为两个或者两个以上的 PW 段。多跳 PW 由多个相邻的 PW 段组成，每个 PW 段都是一个点到点的 PW。

MPLS-TP 路径保护结合 MS-PW 技术，能够实现对多点故障的保护。对于每个分段内的 LSP 保护，应能提供 1+1 和 1:1 保护方式。

② 环网保护

环网保护能够节省光纤资源，网络自愈能力较强。MPLS-TP 定义了 PTN 环网保护，与 SDH 复用段共享保护环类似，包括环回（Wrapping）方式和转向（Steering）方式。环网保护中，Wrapping 方式是基于故障相邻节点的环回保护倒换，Steering 方式是基于业务端到端的保护倒换。

MPLS-TP 环网保护支持单环保护、环相交、环相切保护功能，实现对节点和链路的单点或多点故障的保护。

③ 接入链路保护

目前网络中应用的有以太网链路保护、线性 MS 保护、E1 链路保护和静态 L3 VPN 保护。

● 以太网链路保护

以太网链路保护 LAG 是基于 LACP（Link Aggregation Control Protocol）的保护，它保护以太网链路，支持手工聚合和静态聚合两种方式。手工聚合方式不需要运行 LAG 协议，静态聚合方式需要运行 LAG 协议。业务承载上支持负载分担方式和非负载分担方式。

● 线性 MS 保护

线性 MS 保护可以是专用的保护，也可以是共享的保护，它保护 MS 层并适用于点对点的物理网，提供 1+1 和 1:1 保护方式。

● E1 链路保护

E1 链路保护是基于 E1 链路的保护，它保护的是 IMA E1 链路，各链路没有主备之分，采用负荷分担方式承载业务。

- 静态 L3 VPN 保护

静态 L3 VPN 保护主要在核心层 PTN 设备上应用，支持静态 L3 VPN 的 PE 节点冗余保护功能，实现 PE 节点失效保护。核心层 PTN 设备应支持隧道层 1:1 保护技术，实现对 L3 VPN 内故障的保护；支持 VPN FRR 保护；支持 G-Ach+Y.1731 OAM 机制，实现静态 L3 VPN 保护，保护倒换时间应不大于 50ms。

5.2.3.2　IP RAN 保护技术

作为承载电信级业务的分组化传送网，需要具有像 SDH 那样的电信级保护技术，IP RAN 支持多层面的网络保护技术。

（1）隧道保护

主要采用 TE FRR（Traffic Engineer Fast ReRoute，基于流量工程的快速重路由）的 Detour 方式为隧道提供端到端保护，即分别为每一条被保护的 LSP 创建一条保护路径，也称为 1:1 LSP（Label Switching Path，标记交换路径）保护。

（2）业务保护

包括 PWR（Pseudo Wire Redundancy，伪线冗余）方式和 VPN FRR 等方式，前者设置不同宿点的 PW，对双归的宿点进行保护，后者利用 VPN 私网路由快速切换技术，通过预先在 PER（Provider Edge Router，运营商网络边缘路由器）中设置主备用转发项，对双归 PE 进行保护。

（3）网关保护

主要采用 VRRP（Virtual Router Redundancy Protocol，虚拟路由器冗余协议）方式，通过选举协议，动态地从一组 VRRP 路由器中选举一个路由器并关联到一个虚拟路由器，作为所连接网段的默认网关，实现网关保护。也可用 E-APS（Enhanced Automatic Protection Switching，增强型自动保护倒换）方式，当链路发生故障时，本端发出保护倒换请求，并由对端设备进行倒换的保护机制。

对比 PTN 和 IP RAN 保护机制，可以看到 PTN 保护机制更接近于传统传送网的倒换、恢复等机制，在网络部署、设备配置、系统维护等方面可延续原有的操作习惯，而 IP RAN 技术是从 IP/MPLS 转换而来，更贴近于 IP 网的网络部署、设备配置、系统维护等操作习惯。

5.2.4　QoS 技术

QoS 是分组化传送技术中的一个综合指标，用于衡量用户对使用服务的满意程度，也是网络的一种安全机制，是用来解决网络延迟和阻塞等问题的一种技术，其主要性能参数有传输时延、延迟抖动、带宽和丢包率等。尽管网络用于无特定时间限制的系统时（如 Web 应用或 E-mail 设置），对 QoS 要求不高，但是对于关键应用和多媒体应用来说 QoS 就十分重要，当网络过载或拥塞时，QoS 能确保重要业务量不受延迟的影响或丢弃，同时保证网络的高效运行。

PTN 和 IP RAN 都属于分组化传送网技术，其 QoS 要求较为类似，均可提供流量分类、访问控制、接入速率控制、连接允许控制、拥塞控制和拥塞避免等功能。

5.2.4.1　PTN 的 QoS

（1）流量分类和标记

PTN 设备支持流量分类，将数据报文划分为多个优先级或多个服务类，在分类后，可以将其他的 QoS 特性应用到不同的分类，实现基于类的拥塞管理、调度等。

PTN 设备支持的流量分类有简单流分类和复杂流分类，简单流分类直接根据 IP 报文的 DSCP 值或 IP 优先级、MPLS 报文的 EXP 域值、VLAN 报文的 PRI 值等，将外部报文和内部报文的优先级相互映射，并对报文进行染色。复杂流分类根据相对复杂的规则对报文进行分类后，对流的带宽、转发进行进一步的处理。

PTN 设备支持按照以下规则进行流分类。

① 物理端口

② VLAN（虚拟局域网）

③ VLAN 用户优先级（PRI）

④ 源或目的 MAC 地址

⑤ 源或目的 IP 地址

⑥ 区分服务编码点（DSCP）

⑦ IP 服务类型（ToS）

⑧ 源或目的端口号

⑨ 协议类型

在实际业务接入时，当运营商认为可以完全信任客户侧流量携带过来的 QoS 参数时，可以采用 Uniform 模式，这时 PTN 传输边界设备将客户侧携带上来的报文的 CoS 值直接复制到 MPLS 外层标签的 EXP 字段中，从而保证在承载网中给予同样的 QoS 保证。

当运营商完全不关心客户侧用户设置的 QoS 参数时，就忽略用户携带的 QoS 参数，在 PTN 传输边界设备上为 MPLS 外层标签的 EXP 字段重新赋值，当流量送出 PTN 传输设备之后，报文的 CoS 值已修改为 MPLS 外层标签的 EXP 值。

（2）流量监管和整形功能

PTN 设备支持使用约定访问速率（CAR）限制某类报文的流量。对每个流，能够通过设置 CIR（承诺信息速率）和 PIR（峰值信息速率）实现 CAR（Commit Access Rate，CAR）功能。对于超出 PIR 的流量，则将其丢弃或重新进行标记。

PTN 设备支持在入口节点将业务优先级映射为隧道优先级。

PTN 设备支持针对每个物理接口配置 ACL，并可基于流分类进行访问控制，支持允许和拒绝两种操作。

PTN 设备支持约定访问速率，对报文进行速率限制，实现对每个业务流的带宽控制，进而实现对每个基站或客户的整体带宽控制。CAR 一般采用双令牌桶机制实现对带宽的控制。

（3）**拥塞控制和队列调度**

当网络拥塞时，必须解决多个报文同时竞争使用资源的问题，通常采用队列调度加以解决。IETF 定义了 4 种标准 PHB：即 CS（类选择码）队列、EF（加速转发）队列、AF（确保转发）队列和 BE（尽力而为转发）队列。

PTN 设备支持 PQ 和 WFQ 优先级调度方式。

① 优先级队列（PQ）：较高优先级报文应得到优先发送，较低优先级的报文在发生拥塞时将被较高优先级的报文抢先。

② 加权公平队列（WFQ）：具有相同优先级的若干队列之间，根据配置的权重公平分配发送报文的机会。

PTN 设备每个端口应具有对每个流进行流量整形的能力，流量整形是用来限制流出某一网络的某一连接的流量与突发，使这类报文以比较均匀的速度向外发送。

（4）**连接允许控制**

PTN 设备支持连接允许控制（Connection Admission Control，CAC）功能，在 LSP 建立过程中，边界节点需要执行准入控制功能，以保证网内有足够的资源支持 LSP 的建立。

（5）**层次化 QoS 能力**

PTN 设备支持层次化 QoS 调度能力，可基于端口、业务、PW 或 QinQ 的粒度进行调度，单独配置 WFQ、WRED 策略，提高 QoS 控制的灵活性。

5.2.4.2　IP RAN 的 QoS

（1）**流量分类和标记**

通过对业务流进行分类和优先级标记，实现不同业务的 QoS 区分。

流分类规则可基于端口、ATM VPI/VCI、VLAN ID 或 VLAN 优先级、

DSCP、IP 地址、MAC 地址、TCP 端口号或上述元素的组合。

支持对流分类后的报文指定 PHB 等级的能力或从客户业务优先级映射 PHB 服务等级的能力。支持 DiffServ 定义的管道模型，即客户业务优先级与 VP 优先级独立，在网络出口处恢复业务优先级。支持客户业务优先级重映射，即在网络出口处重新映射客户业务优先级。

PLS 网络应支持 E-LSP 方式，在网络中使用 TC 字段进行优先级标记。LSP 层的 TC 应和 PW 层的 TC 对应，也可以根据运营商的需求重新分类。可选支持 L-LSP 方式，采用 LSP 标签标识业务优先级，采用 TC 字段标识丢弃优先级，符合 RFC3270 的规定。

（2）**流量监管和整形功能**

通过监管对业务流进行速率限制，实现对每个业务流的带宽控制，通过整形平滑突发流量，降低下游网元的业务丢包率。

支持以太网业务带宽属性和带宽参数，包括承诺信息速率（CIR）、承诺突发长度（CBS）、额外速率（EIR）、额外突发长度（EBS）、联合标记（Coupling Flag，CF）、着色模式（Color Mode，CM），符合 MEF10.2 的规定。

支持在不影响现有业务的情况下，调整 QoS 带宽参数。

支持双令牌桶机制实现对带宽的控制，支持 RFC2698 或 RFC4115 规定的着色算法，实现对业务流速率的限制。

（3）**拥塞控制和队列调度**

通过丢弃或加权随机早期探测等算法，实现对拥塞时的报文丢弃，缓解网络拥塞。

对分类后的业务进行调度，缓解当报文速度大于接口能力时产生的拥塞。

应支持严格优先级队列 PQ 调度模式，优先调度高优先级队列，高优先级队列若有报文缓存，低优先级队列不能得到调度。

应支持加权公平队列（WFQ）或差额加权轮询队列（DWRR）调度模式，能够按照权重进行队列调度，应支持队列权重的设置。

可以支持 PQ+WFQ 或 PQ+DWRR 队列调度方式的组合。

（4）连接允许控制

对业务配置的 CIR、EIR 等带宽参数进行合法性检查，确保不同业务流配置的带宽参数不会超过出口带宽，或超过上一级通道的带宽配置，无法满足的业务带宽参数请求将被拒绝。

（5）层次化 QoS 能力

对业务进行逐级分层调度，通过分层实现带宽控制、流量整形和队列调度等 QoS 功能，支持复杂的组网和分层模型下对每个用户、每个业务流带宽进行精细控制的目的。

5.2.5　同步技术

从目前的发展趋势来看，IP RAN 和 PTN 两种分组传送技术正在逐步替代传统的 SDH/MSTP 技术，在基站移动回传上大展身手，为基站提供多业务的综合承载。由于分组化传送网属于异步网络，其自身并不需要严格的同步。但由于基站的同步需求，需要分组化传送网络具有同步功能。

5.2.5.1　同步需求

同步是指两个或两个以上信号之间，在频率或相位上保持某种特定关系，即两个或两个以上信号在相对应的有效瞬间，其相位差或频率差保持在约定的允许范围之内，按同步目标可分为时钟同步和时间同步两种。

（1）时钟同步（频率同步）

频率相同 / 频率锁定；相位不同 / 固定相位差；时间不同 /UTC（协调世界时）时间不一致。

（2）时间同步（相位同步）

频率相同 / 频率锁定；相位相同 / 无相位差；时间相同 /UTC 时间一致。

不同的无线制式对同步的需求也不尽相同，见表 5-1。

表 5-1　无线网络对无线回传网络的同步需求

无线制式	时钟频率精度要求（ppm）	时钟时间 / 相位同步精度要求
GSM	0.05	NA
WCDMA FDD	0.05	NA
TD-SCDMA	0.05	$\pm 1.5\mu s$ 其中 0.5μs 为空中部分要求，1μs 为地面部分要求
cdma2000	0.05	3μs
FDD LTE	0.05	NA
TDD LTE	0.05	$\pm 1.5\mu s$（倾向于采用时间同步）

5.2.5.2　同步实现方式

针对不同的同步需求，分组化传送有多种实现方式。

（1）仅满足频率同步需求

① 采用同步以太网（SyncE）方式

选择在核心层设置有 BITS 设备的 IP RAN 节点引接 BITS 设备输出的外参考时钟信号作为 IP RAN 的时钟参考输入，网内采用 SyncE 方式逐点传递至基站侧末端 IP RAN 节点，再通过该节点同 3G 或 LTE 基站的 FE 或 GE 接口将 SyncE 信号传送给基站，基站跟踪锁定改 SyncE 信号同步自身的时钟。

② 采用 ITU-T G.8265.1 的方式

承载网络仅负责将 PTP（高精度时间协议）报文透传，Master（基站控制器或高精度时间源）和 Slave（基站）采用三层单播的方式建立 PTP 报文交互，由基站从 PTP 报文中恢复频率。

③ 采用 G.8275.1 的 1588v2 纯 PTP 方式

采用 1588v2 的方式，即从 PTP 包中恢复频率信号，由于没有物理层频率同步的支持，该方式可称为纯 PTP 方式，它要求所有的中间网元必须支持 1588 功能。

（2）既满足频率又满足时间同步的需求

① 采用 SyncE+PTP 的方式

即频率采用 SyncE 的方式，PTP 仅用来恢复时间。从实现方式来看，业界倾向于使用 SyncE+PTP 的方式。

② 采用 G.8275.1 的 1588v2 纯 PTP 方式

该方式满足频率同步时，与前文所述相同。不同的是，末端 IP RAN 网元或基站除了从 PTP 报文中恢复频率外，还需要恢复时间。

PTN 设备支持同步以太网和 1588v2 等基本同步功能，IP RAN 设备支持上述各项同步功能。

5.2.6　OAM 功能

传送网的 OAM（Operation Administration and Maintenance）功能包括操作（Operation）、管理（Administration）、维护（Maintenance）三个管理内容，主要完成日常网络和业务进行的分析、预测、规划和配置工作，以及对网络及其业务的测试和故障管理等进行的日常操作活动。这个功能能够预防网络故障的发生，实现对网络故障的迅速诊断和定位，保证电信级的服务质量，最终提高网络的可用性和对用户的服务质量，是保障整个传送网正常运维的基本手段。

5.2.6.1　PTN 的 OAM 功能

和数据网相比，PTN 延续了传统传输网的 OAM 功能，支持 MPLS-TP 网络层 OAM、链路 OAM 及业务 OAM。

（1）MPLS-TP 网络层支持三层 OAM 结构，包括 PW OAM、LSP OAM 和 Section OAM。

（2）业务 OAM 主要指以太网业务 OAM，符合 IEEE 802.1ag 和 ITU-T Y.1731 标准要求。

（3）链路 OAM 主要指以太网链路 OAM 与 SDH/PDH 链路 OAM，以太网链路 OAM 符合 IEEE 802.3ah 标准要求，SDH/PDH 链路 OAM 符合相关

SDH/PDH 规范要求。

上述三个层面的 OAM 主要包括故障管理、性能检测等功能，各层面能满足的主要 OAM 功能见表 5-2。

表 5-2　PTN 设备 OAM 功能

类型		功能	Section OAM	LSP OAM	PW OAM	业务 OAM	链路 OAM
主动	故障管理	连续性检测和连通性验证	支持	支持	支持	支持	支持
		告警抑制	—	支持	支持	支持	—
		远端故障指示	支持	支持	支持	支持	—
		客户信号故障	—	—	支持	—	—
	性能监测（通过连续性检测和连通性验证功能实现）	丢包测量	—	支持	—	—	—
按需	故障管理	环回检测	支持	支持	支持	支持	支持
		踪迹监视	—	支持	支持	支持	—
		测试	—	支持	支持	—	—
	性能监测	丢包测量	—	支持	支持	支持	—
		时延测量	—	支持	支持	支持	—

5.2.6.2　IP RAN 的 OAM 功能

根据不同的接入方式和网络层次，IP RAN 技术 OAM 可分为业务层 OAM、接入链路 OAM、承载层 OAM。

（1）**业务层** OAM

业务层 OAM 机制包括以太网业务 OAM、TDM 业务 OAM、ATM 业务 OAM 等。

① 以太网业务 OAM

以太网业务 OAM 功能主要包括以太网业务层的故障管理和性能管理功能，其功能和报文封装符合 Y.1731 的规定。

故障管理功能，包括业务的连通性检测（ETH-CC）、环回（ETH-LB）、链路追踪（ETH-LT）、告警指示信号（ETH-AIS）、远端缺陷指示（ETH-RDI）、锁定信号（ETH-LCK）。

性能监视功能，包括帧丢失测量（ETH-LM）、帧时延测量（ETH-DM）、测试信号（ETH-Test）和吞吐量测试。

② TDM 业务 OAM

当承载 STM-1 业务时，需支持 SDH 告警和性能监视功能。当接承载 PDH 业务时，需要支持 PDH E1 的告警和性能监视功能。

③ ATM 业务 OAM

F4/F5 AIS，用于检测 F4/F5 AIS 告警信号。当支持 ATM 业务的端点检测到 F4/F5 AIS 告警信号后，首先向网管系统上报 F4/F5 AIS 告警，并向下游发送 F4/F5 AIS 信元。

F4/F5 RDI，用于探测是否发生了远端故障。当支持 ATM 的业务端点检测到对端的 F4/F5 故障后，向对端发送 F4/F5 RDI 信元，用于指示出现了故障。

环回功能，用于在一对 ATM 端口之间验证联通性。当源 ATM 发送环回信元时，设置环回信元标识，当目的端口接收到环回信元后，修改环回信元标识，并向源端口返回环回信元。

连通性监测，用于在一对 ATM 端口之间验证连通性。源宿端口之间通过相互发送 F4/F5 CC 信元实现该功能，当出现故障时，上报连通性丢失告警。

（2）接入链路 OAM

以太网接入链路 OAM 用于面向数据链路层的监控，应符合 IEEE802.3ah 的规定，主要功能包括以下几类。

能力发现：发现对端终端设备是否使用 OAM 功能、OAM 配置参数以及支持的 OAM 功能。

远端环回：支持数据链路层帧级别的环回机制。

远端故障指示：向对等实体指示本地终端设备的接收路径上是否出现状态异常，远端故障指示需要物理层设备支持单向操作能力。

链路监测功能：提供事件通知功能，内含诊断信息。

提供 MIB 变量查询机制。

（3）**承载层** OAM

承载层 OAM，主要包括 MPLS LSP 和 PW OAM。

①LSP OAM

支持 BFD 用于 MPLS LSP 的连通性检测、路由追踪和邻接关系检测，符合 RFC 5884 的规定。

②PW OAM

支持 VCCV 控制通道用于 PW 的连通性验证，符合 RFC 5085 的规定；支持 BFD 的报文封装方式封装 PW OAM 报文，符合 RFC 5994 的规定；支持通过 BFD 进行 OAM 状态信息通告，符合 RFC 5885 的规定；多段伪线的 OAM，应符合 RFC 6073 的规定。

对比 PTN 和 IP RAN 的 OAM 方案，PTN 的 OAM 属于静态方案，IP RAN 的 OAM 则属于动态方案，两者的比较见表 5-3。

表 5-3　PTN 与 IP RAN 的 OAM 对比

项目	PTN（静态方案）	IP RAN（动态方案）
开局部署	使用网管完成基础配置，网管和设备通道通过网关网元与非网关网元的私有协议自动打通	使用网管完成基础配置，网管和设备 DCN 通道通过 DHCP 方式自动打通
业务下发	通过网管实现端到端业务下发	通过网管实现端到端业务下发
性能监控	网管提供设备、端口、业务的性能采集和呈现	网管提供设备、端口、业务的性能采集和呈现，同时支持端到端 IP SLA 质量检测
告警监控	支持告警统一呈现、告警压缩、告警屏蔽和告警相关性	支持告警统一呈现、告警压缩、告警屏蔽和告警相关性
故障定位	通过告警实现大部分的故障定位；提供 LSP Ping，ICMP Ping 等 OAM 测试诊断辅助故障定位	通过告警实现大部分的故障定位；提供 LSP Ping，ICMP Ping 等 OAM 测试诊断；提供基于业务路径可视的故障定位功能
业务割接	破环加减点 / 基站与 RNC 归属关系调整使用 TCAT 工具完成	破环加减点配置少，通过网管协助实现加减点；基站与 RNC 归属关系调整不需要承载网修改配置

5.2.7　分组化传送网性能指标

5.2.7.1　TDM 业务性能指标

与 PDH、SDH/MSTP 对 TDM 业务性能指标要求一致。

5.2.7.2　以太网业务性能指标

主要考查的以太网性能指标包括以下方面。

（1）吞吐量

吞吐量是指数据在保持零丢帧的情况下从源端至目的端的最高速率。

（2）时延

时延指需转发的数据包最后一比特进入节点端口到该数据包第一比特出现在端口链路上的时间间隔。

通常所测试的时延是指测试仪表发出数据包到经过节点转发后收到该数据包的时间间隔，上述时延与测试数据包的长度、链路速率及吞吐量都相关。

（3）丢包率

丢包率指节点在稳定的连续负荷下，由于资源缺少在应该转发的以太网数据包中不能转发的数据包所占比例。

（4）时延抖动

指时延变化。

5.2.7.3　ATM 性能指标

ATM 信元传送性能参数包括信元差错率、信元丢失率、信元误插率、信元传送时延、信元时延变化、严重错误信元块等。

5.3　组网及业务承载

5.3.1　业务承载及组网需求

目前在我国运营商的城域网中，分组化传送网技术已部署于干线传送网和城域传送网，满足各类业务承载及组网需求。

（1）**多业务承载**

主要用于无线基站回传以及集团客户的专线业务，少量用于家庭及其他用户的以太网等业务。

（2）**业务模型**

城域的业务流向大多是从业务接入节点到核心 / 汇聚层的业务控制和交换节点，为点到点（P2P）和点到多点（P2MP）汇聚模型，业务路由相对确定，因此中间节点不需要路由功能。

（3）**严格的 QoS**

TDM/ATM 和高等级数据业务需要低时延、低抖动和高带宽保证，而宽带数据业务峰值流量大且突发性强，要求具有流分类、带宽管理、优先级调度和拥塞控制等 QoS 能力。

（4）**电信级可靠性**

需要可靠的、面向连接的电信级承载，提供端到端的 OAM 能力和网络快速保护能力。

（5）**网络扩展性**

在城域范围内业务分布密集且广泛，要求具有较强的网络扩展性。

（6）**网络成本（TCO）控制**

我国许多大中型城市都有几千个（甚至上万个）业务接入点和数百个业务汇聚节点，因此要求网络具有低成本、可统一管理和易维护的优势。

5.3.2　组网方案

5.3.2.1　PTN 组网方案

大量的 MSTP 设备存在于现网是必须面对的现实，采用 PTN 设备建网时，为了使网络结构清晰，易于管理和维护，应采用 PTN 独立组网方式，即从接入层至核心层全部采用 PTN 设备，单独新建分组传送平面，以适应大量分组化业务的发展需求。对于新建 PTN，会和现网 MSTP 长期共存，需要协调好业务的承载原则，对两张传送网分别进行规划、共同维护。

在 PTN 实际组网时，根据网络规模不同，采用的建设方案也不相同。

（1）**中小城市 PTN 组网方案**

针对中小城市的 PTN，其网络规模相对较小，PTN 组网的网络结构和目前的 MSTP 网络相似，接入层主要以 GE 速率组环，汇聚环以上主要以 10GE 速率组环，今后逐步向 40/100GE 速率演进，网络各层面间以相交环的形式进行组网，如图 5-3 所示。

（2）**大中城市 PTN 组网方案**

汇聚层及以下采用 PTN 组网，核心 / 骨干层则充分利用 IP over WDM/OTN 将上联业务调度至 PTN 所属业务落地机房。该模式下，业务在汇聚接入层完成收敛后，上联至核心机房设置两端大容量的交叉落地设备，并通过 GE 光口 1+1 的 Trunk（链路捆绑）保护方式与 RNC 相联。其中，骨干节点 PTN 设备，通过 GE 光口仅与所属 RNC 节点的 PTN 交叉机连接，而不与其他 RNC 节点的 PTN 交叉机以及汇聚环的骨干 PTN 设备发生关系，具体如图 5-4 所示。

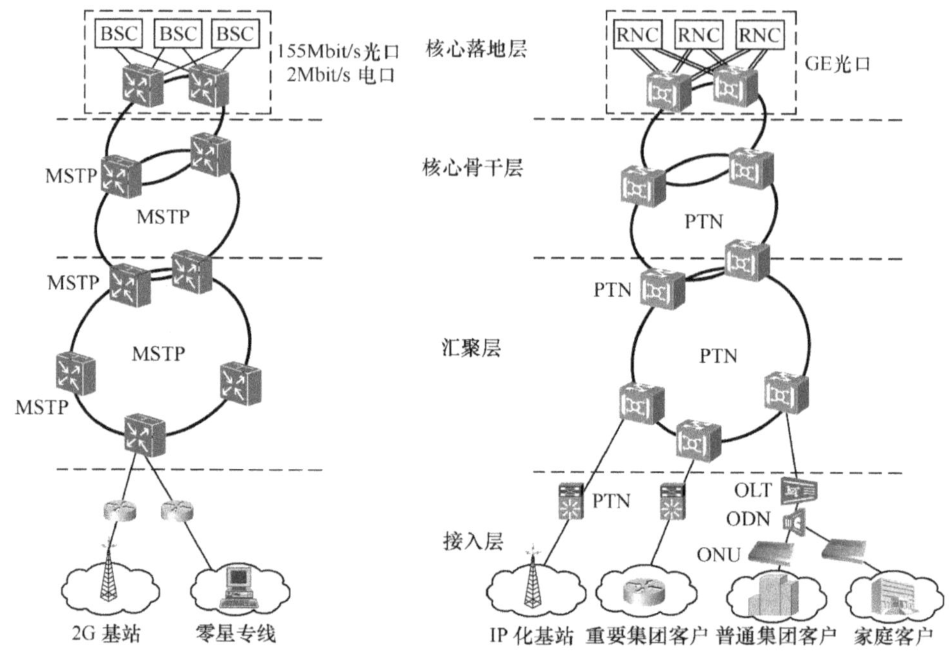

图 5-3　中小城市 PTN 组网示意

上述两种组网方案中，中小城市组网方案中核心 / 骨干层组建的 **PTN 10GE** 环路业务也可以通过波分平台承载，但波分平台只作为链路的承载手段，随着中小城市的业务量的增长，将逐步向大中城市组网方案演进。而大中城市组网模式中，**IP over WDM/OTN** 不仅是一种承载手段，而且通过 **IP over WDM/OTN** 对骨干节点上联的 **GE** 业务与所属交叉落地设备之间进行调度，其上联 **GE** 通道的数量可以根据该 **PTN** 中实际接入的业务总数按需配置，适合有多个 **RNC/EPC** 节点的大型城域网，简化了骨干节点与核心节点之间的网络组建，避免了在 **PTN** 独立组网模式中，因某节点业务容量升级引起环路上所有节点设备必须升级的情况，节省了网络投资。

新建 **PTN** 一次性投资较大，需占用节点机房宝贵的机位资源和光缆纤芯，电源容量不足的局房还需进行电源的改造。此外，**SDH/MSTP** 设备具备

155Mbit/s、622Mbit/s、2.5Gbit/s、10Gbit/s 的多级线路侧组网速率，可从下至上组建多级网络结构，相比之下，目前 PTN 组网的主流速率只有 GE 和 10GE 两级，面对接入、汇聚、核心三层网络结构，需要尽快引入 40/100GE 速率的设备进行组网。

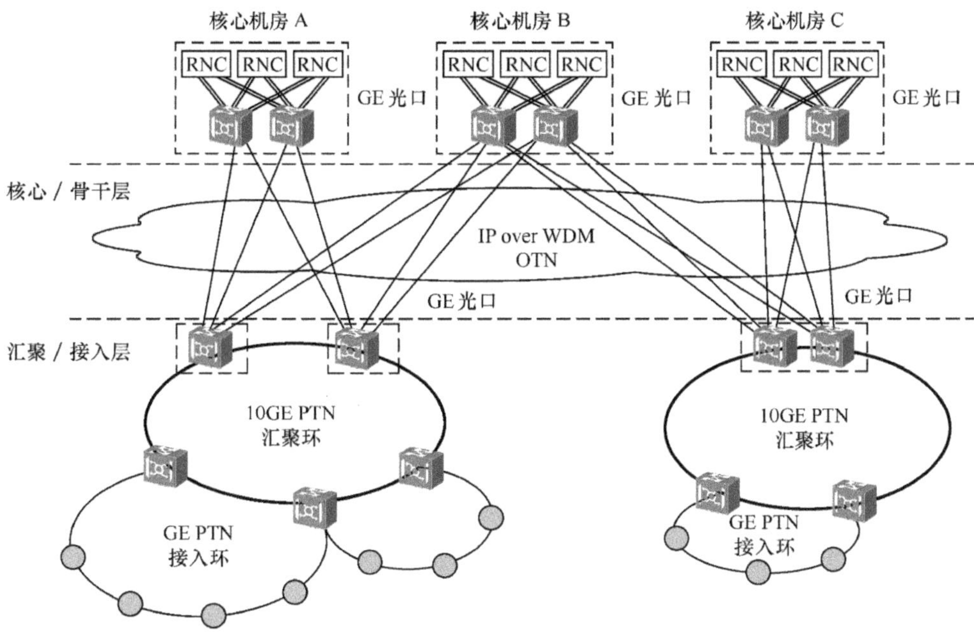

图 5-4　大中城市 PTN 组网示意

5.3.2.2　IP RAN 组网方案

IP RAN 从网络结构上同样分为接入层、汇聚层、核心层，如图 5-5 所示。

（1）核心层组网

IP RAN 的核心层主要完成数据的高速转发，是 MPLS VPN 中的 P 设备，是隧道的中间节点，是网络中最重要的核心节点。根据网络扁平化、尽可能少的流量穿通原则，兼顾核心层的安全可靠性，核心节点宜设置 2 ～ 4 个，核心节点之间为 Full Mesh 组网，互联带宽为 10GE。

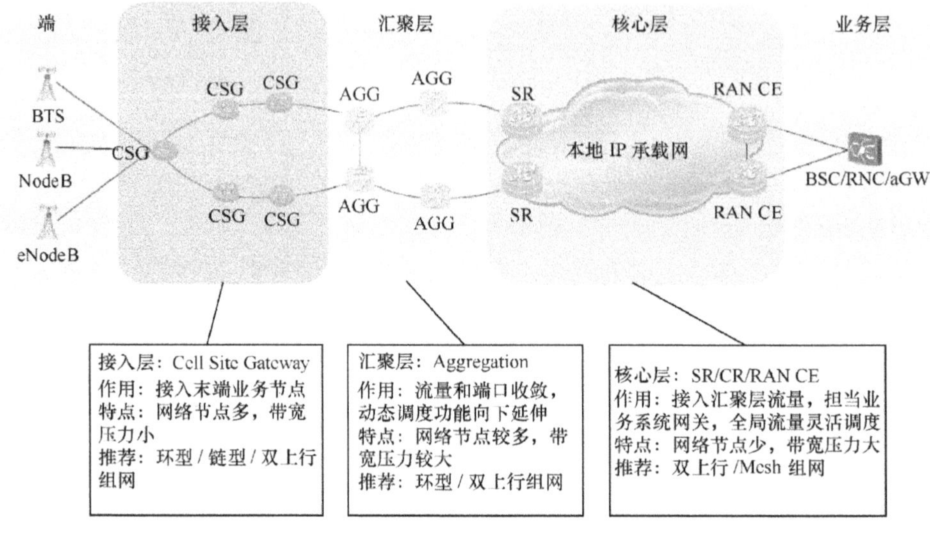

图 5-5　IP RAN 组网示意

（2）汇聚层组网

IP RAN 的汇聚层主要完成接入节点的汇聚功能，是 MPLS VPN 中的 SPE 设备，是隧道的起点和终点，是多业务承载的入口点与分离点。与 RNC 相连的节点也定义为汇聚节点 RAN CE，汇聚节点与核心节点之间可供选择的组网方式有环型、口字型、双归。这三种组网方式由前至后承载效率依次提高，对局间光缆的要求也依次增大，互联带宽为 10GE。对汇聚层设备的要求是能提供丰富的接口类型，槽位数量充裕，具备强大的 MPLS VPN 维护能力。

（3）接入层组网

IP RAN 的接入层主要布置在基站里面，是 MPLS VPN 中的 UPE 设备，是业务的接入点。接入层组网主要受光缆条件的制约，组网结构主要以环型为主，对于光缆不具备成环条件的采用环带链的组网方式。接入层环路带宽主要 GE 为主，对设备的要求是能够提供丰富的接口类型，设备集成度高，占用空间不多，耗电量不大。考虑到 LTE 的建设，接入层设备应具备升级为 10GE 设备的能力。

5.3.3　业务承载方案

5.3.3.1　2G/3G 基站（TDM 业务）回传

针对 2G 基站，GSM 基站接口为 N×E1，BSC 接口为 CSTM-1、E1；3G 基站基站接口为 N×E1、FE，对应的 RNC 接口为 CSTM-1、GE。当采用 PTN 承载时，将基站业务封装进 PW 及 LSP 后，选择工作路径及保护路径后实现业务的承载，如图 5-6 所示。

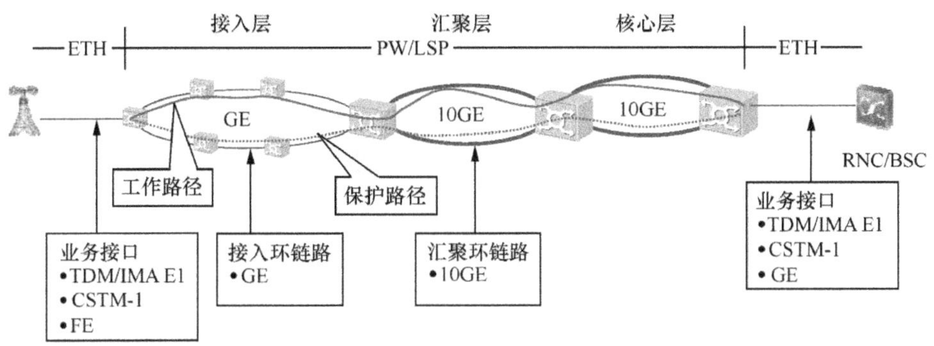

图 5-6　2G/3G 基站回传业务承载示意

若运营商无线基站尚未 IP 化，对于无线基站的话音业务，采用 E1 方式接入，伪线方式（PWE3）承载。若运营商无线基站已经 IP 化，对于基站的话音业务，采用 FE 接入，承载方式同 3G/LTE 基站的数据业务。

5.3.3.2　集团客户数据专线业务承载

对于集团客户 TDM、以太网、ATM 等数据专线需求主要为点到点结构，有 E1、FE、GE、2.5Gbit/s、10Gbit/s、10GE 等类型的颗粒业务，可采用相应的伪线（PWE3）方式实现。业务通过客户侧接入设备接入到各地市城域传送网络中，经过城域传送网、干线传送网连通客户不同节点，要求传输电路专线性能优异，根据专线业务源宿节点的位置可分为城域内传输电路专线和跨地市、跨省市专线业务。集团客户数据专线业务承载如图 5-7 所示，安排工作通道进行承载。

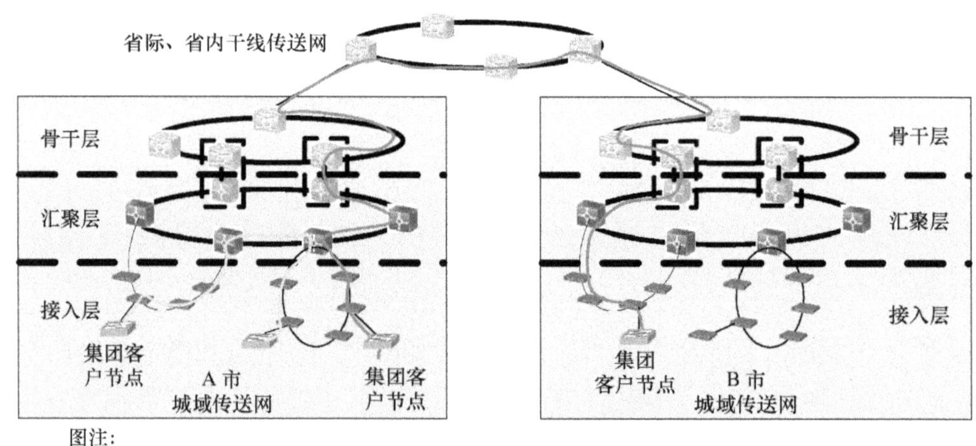

图 5-7　集团客户数据专线业务承载示意

5.3.3.3　LTE 承载

随着 LTE 网络（4G 网络）的快速建设，LTE 成为 PTN/IP RAN 承载的最为重要的业务之一，与其他业务相比，LTE 网络的承载需求更为严格。LTE 的无线回传网络要连接基站（eNodeB）到增强分组核心网（EPC）间 S1 接口和相邻基站之间的 x2 接口。S1 接口传输用户信息和控制信息，不同的业务情况下，基站可任意归属不同的 EPC 网元。相邻基站的 x2 连接，保证 UE 在不同基站漫游时，用户数据可以在基站之间直接进行交换，如图 5-8 所示。

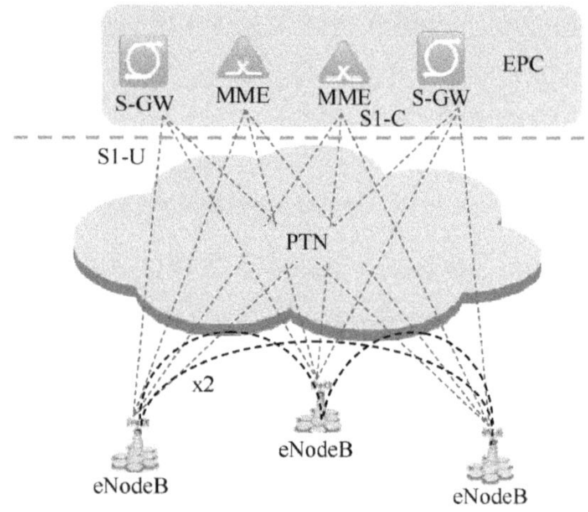

图 5-8　LTE 承载需求示意

（1）PTN **承载方案**

PTN 承载 LTE 业务需要分层制订相应的承载方案，城域接入和汇聚层采用 L2 PTN 设备，基于标签转发，采用 LSP 1+1 保护；城域核心层采用 L3 PTN 设备，实现 L2/L3 层转换及 L3 层路由交换功能，实现 LTE x2 接口的承载，采用静态 VPN 进行保护，组网结构及保护方式如图 5-9 所示。

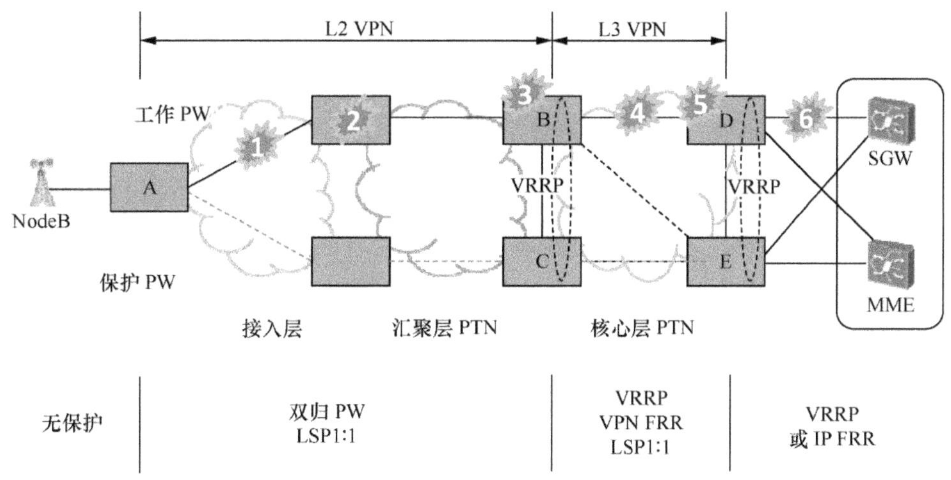

图 5-9　PTN 承载及保护 LTE 业务方案示意

对于各层网络所采用的保护，其作用范围、作用有所不同，PTN 保护方式的对比见表 5-4。

表 5-4　PTN 保护方式的对比

保护模式	隧道保护	业务保护	网关保护
保护技术	LSP 1:1	VPN FRR PW 双归保护	VRRP
保护目标	保护接入层、汇聚层网络链路及隧道经过的节点	核心层 PTN 设备、业务落地设备	保护核心节点 PTN 设备、业务落地点及与业务系统之间链路
典型故障点	1，2，4	3，5，6	3，5，6
典型特征	切换前后接入业务的接入节点、LSP 终结节点无变化	切换前后核心层 PTN 设备或者业务落地点设备发生变化	主用和备用端口及链路切换

（续表）

保护模式	隧道保护	业务保护	网关保护
保护性能	<50ms	<200ms	<50ms

（2）IP RAN 承载方案

IP RAN 承载 LTE 基站的数据业务采用层次化的 MPLS L3 VPN 承载。将 VPN 分层的好处是接入层的路由压力不会扩散到整网，同时也保证了业务是三层端到端的互访。无线网络的基站归属调整不再涉及到网络承载侧的配合调整，减少了日常的运维工作。

IP RAN 承载 LTE 方案及典型故障点如图 5-10 所示，针对典型的网络故障点，有不同的模式可以实现对网络的保护，IP RAN 保护方式对比见表 5-5。

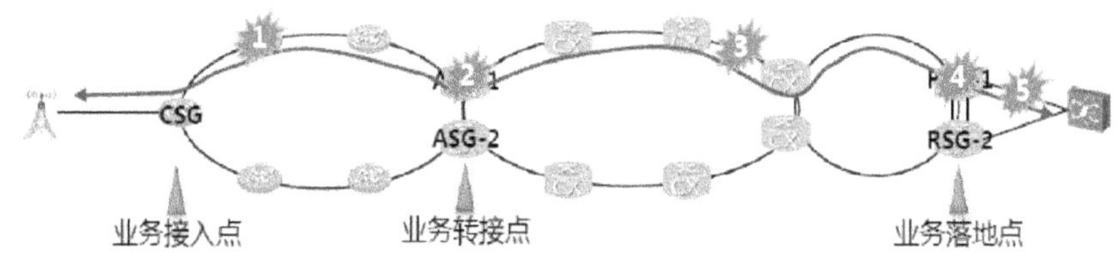

图 5-10　IP RAN 承载 LTE 方案及典型故障点示意

表 5-5　IP RAN 保护方式对比

保护模式	隧道保护	业务保护	网关保护
保护技术	LSP 1:1	PW Redundancy（PWR） VPN FRR	VRRP E-APS
保护目标	保护除业务转节点和业务落地点之外的其他链路和节点	主要保护业务转节点和业务落地点，也可保护其他故障点	双网关场景，保护业务落地点及 RSG 与业务系统之间链路
典型故障点	1，3	2，4	4，5
典型特征	切换前后业务接入点、业务转节点和业务落地点均无变化	切换前后业务转节点或者业务落地点发生变化	业务系统主备端口切换
保护性能	<50ms	<200ms	<50ms

5.4　未来发展趋势

5.4.1　运营商使用现状

在 IP 化的大趋势下，国内运营商采用分组技术的选择不尽相同。从表 5-6 可以看出，中国移动坚持 PTN 技术，整个技术要求基于 MPLS-TP，但基于需求，对动态路由协议和 L3 VPN 业务支持要求后续演进能力。中国电信采用了传统的 IP/MPLS 技术，IP 化要求比较彻底，对 MPLS-TP 未做要求，甚至对 PWE3 也未做要求。中国联通采用了折中方案，技术要求上整体偏向于 IP/MPLS 技术，但也吸取了 MPLS-TP 的一些优势，包括 OAM、低成本等。

表 5-6　国内移动回传网络使用现状

运营商情况 技术类型 技术要求		中国电信	中国移动	中国联通
		IP RAN	PTN	IP RAN（UTN）
IGP 要求		汇聚设备必须同时支持 RIP V1、RIP V2、OSPF、BGP4、IS-IS 协议，接入设备必须同时支持 RIP V1、RIP V2、OSPF、IS-IS 协议	PTN 设备可具有支持控制平面路由和信令功能的演进能力，路由协议包括 IS-IS-TE 或 OSPF-TE，信令协议包括 RSPF-TE 和 LDP	应支持 OSPF 和 IS-IS 等域内路由协议
BGP 要求		汇聚设备必须支持，接入设备不要求	不要求	应支持 BGP4 域间路由协议
MPLS-TP		不要求	PTN 设备基于 MPLS-TP 标准实现	可选支持
业务承载要求	L2 VPN	必须支持	PTN 设备应支持采用 L2 VPN 技术为 E-Line、E-LAN、E-Tree 业务提供承载能力	必须支持
	L3 VPN	必须支持	核心节点设备应具有未来支持 L3 VPN 的后续演进能力	必须支持
	PWE3	无要求	PTN 设备应支持 PWE3 协议，在分组传送网上为以太网、TDM、ATM 等业务提供仿真隧道	必须支持

（续表）

运营商情况 技术类型 技术要求	中国电信 IP RAN	中国移动 PTN	中国联通 IP RAN（UTN）
MPLS 信令要求	建议支持 LDP 和 RSVP	PTN 设备具有支持控制平面路由和信令功能的演进能力。路由协议包括 IS-IS-TE 或 OSPF-TE，信令协议包括 RSVP-TE 和 LDP	应支持通过 RSVP-TE 信令，可支持 LDP 信令
OAM	设备必须支持 MPLS OAM 以及 Ethernet OAM 协议	设备在 MPLS-TP 网络层应支持三层 OSM 结构，包括 PW OAM、LSP OAM 和段层 OAM；同时支持业务 OAM 和链路 OAM，用于与用户设备之间的故障管理和性能监测	要求支持 MPLS OAM 以及 Ethernet OAM 协议，要求支持 MPLS-TP OAM 要求
同步	设备建议支持对时钟同步和时间同步的传送。IEEE 1588v2 解决时间同步问题，同步以太网解决时钟同步问题	设备应支持 CES 时钟恢复、同步以太网和 1588v2 等基本同步功能	应能以同步以太网和外部定时方式提供频率同步，并以 1588v2 方式提供时间同步

虽然分组化传送网的发展现状稍乱，但从乱象中也恰恰反映出其走向统一的发展趋势。各组织在制定标准时，均以移动回传业务作为技术风向标。各运营商虽然由于历史原因和各自网络的差异，网络部署中存在不同之处，但对未来网络演进的方向的认识逐渐趋同。

随着 LTE 的建设，分组化传送网替代 MSTP 的进程也在加快。但另一方面由于 3G 基站 IP 化改造的费用较高，延缓了其 IP 化进程，这必将导致 MSTP 和分组化传送网长期共存，部分本地网还必须解决 MSTP 与分组化传送网的互联互通问题。两张网络长期共存，既不利于节能减排，也浪费了光缆、机房空间、电源端子等资源，加大了网络的复杂度和维护难度。

5.4.2 技术应用发展

分组化传送网技术的发展，主要是向着高速化、智能化和设备融合的方向发展，逐步满足不断出现的新业务、新需求。

5.4.2.1　高速化

现阶段现网中主要使用 GE、10GE 等速率的分组化传送网设备，随着业务量的不断增长，迫切需要容量扩展，简单的新建系统，需要多占用光纤资源，综合成本较高，40/100GE 的分组化传送网设备的需求也就此提出。

目前，40GE 的分组化传送网设备已开始商用，100GE 的分组化传送网设备将于近期推出。随着 40GE 和 100GE 的分组化传送网设备的商用，整个分组化传送网网络的容量将大幅提升。

5.4.2.2　智能化

目前分组化传送网技术在控制平面的功能较弱，为了实现智能化的光网络，应进一步探讨加强支持控制平面路由和信令功能的可行性。

SPTN 技术是加强 PTN 控制层面的主要方向，融合了 SDN 技术，通过集中化的控制平面实现网络资源信息收集和智能的路径计算等能力，提供开放接口，网络应用智能化。同时，转发层面保护和整网恢复相结合，提升网络可靠性。

5.4.2.3　技术融合

在分组化传送网的网络建设中，汇聚层和核心层节点往往会部署 OTN 设备，直接承载由接入层收敛的大颗粒业务，同时分组化传送网系统还会承载一些 MSTP、分组化传送网等系统，不同类型的设备间需要进行协调和配置，增加了网络的复杂程度，在这种情况下，提出了 POTN 的设备需求。

POTN 融合了分组传送和光传送技术，提供多业务、大容量、长距离的信息承载方式。POTN 集成 OTN、TDM 和分组技术于一身的统一传送平台，可根据业务的类型选择最佳的传送方式，减少网元种类，POTN 设备逻辑结构如图 5-11 所示。

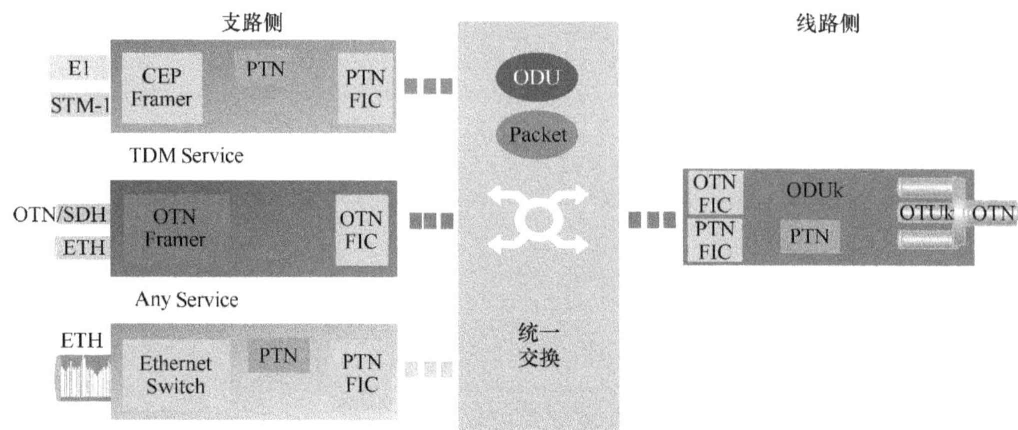

图 5-11　POTN 设备逻辑结构示意

由于引入了 OTN 功能，POTN 设备容量普遍较大，同时设备具有分组化传送网的分组交换功能，因此在组网时，一端设备可同时满足原有 OTN 设备和 PTN 设备的组网及承载需求，可节省机房空间、电源等资源。

5.4.3　网络应用发展

分组化传送网引入了成熟的 IP 组网技术，同时吸取了传统传输网的管理理念，是实现移动与固定宽带业务统一承载的重要手段。但分组化传送网设备和网络依然处于发展过程中，面临组网模式、QoS、保护、运维等多方面的挑战，有待进一步改进。尤其是在 MSTP 已大量部署的情形下，如何实现分组化传送网与现有 MSTP 的互通和融合，确保传送网由 TDM 向分组化平滑演进是需要关注的关键问题。总之，分组化传送网作为新一代移动承载网必将随着移动宽带的发展得到更广泛的部署，其技术也需要在实践中不断发展和完善。

5.4.3.1　集中化综合网管

根据集约化运营的指导思想，分组化传送网以省为单位集中部署综合网管，实现对不同厂商、不同分组化传送网设备、不同网络的的运行状况、资源使用情况、设备端口性能、告警等信息的采集和监控。目前相应的管理功能还有待完善、测试和上线运行，需要根据业务开展逐步的演进。

5.4.3.2　IP 地址分配

在分组化传送网网络中，由于要开启 MPLS L3 VPN，业务地址应该由网络侧统一规划。这需要把传输网和无线网两个专业协同起来，统一规划，分头实施。目前是将无线网分配大段地址给传送网，传送网再规划每个汇聚 B 节点下的小段 IP 地址，并把这个地址规划反馈给无线网，指导无线基站 IP 地址的配置。后期需随着无线基站的规模扩展，可能会出现 IP 地址使用不平衡的情况，为了保持 IP 地址使用的稳定性，今后需要加强无线网和传送网 IP 地址的分配协作。

思 考 题

1. 业务发展对光传送网的承载能力提出哪几方面主要要求？

2. 简述 LTE 技术中与传送相关的特征。

3. PTN 设备的功能平面包括哪几部分？

4. 简述管理平面的功能。

5. 在 PTN 设备中，MPLS-TP 交换功能模块完成哪些功能？

6. 简述 PTN 设备通过采用 PWE3 协议支持的业务种类。

7. 简述分组传送网中，1588v2 协议的功能。

8. PTN 设备的以太网性能主要考虑哪些参数？

9. 目前在我国运营商的网络建设中，PTN 技术主要解决哪些需求？

10. 分组传送网网络保护的主要类型有哪几种？

11. 与传统的 SDH/MSTP 相比，IP RAN 的优势体现在哪些方面？

12. 简述 VPN 的功能和主要特点。

13. 简述 IP RAN 中用到的三种路由协议。

14. IP RAN 的保护技术有哪些？

15. IP RAN 的 QoS 技术能实现哪些功能？

16. 简述 PTN 与 IP RAN 的 OAM 对比。

17. OAM 技术根据不同的接入方式和网络层次可分哪几种？

18. 针对不同的同步需求，IP RAN 实现方式是什么？

19. IP RAN 如何分层？各层主要作用是什么？

第6章
有线接入技术

6.1　发 展 现 状

6.1.1　接入网定义

按照电信网的概念，公用电信网可以划分为长途线路网、本地线路网和接入网三部分。接入网是连接本地节点（业务节点）与通道终端（用户终端）之间的通信系统，接入网定义为业务节点与用户驻地网之间的实体部分。接入网的定义如图 6-1 所示。

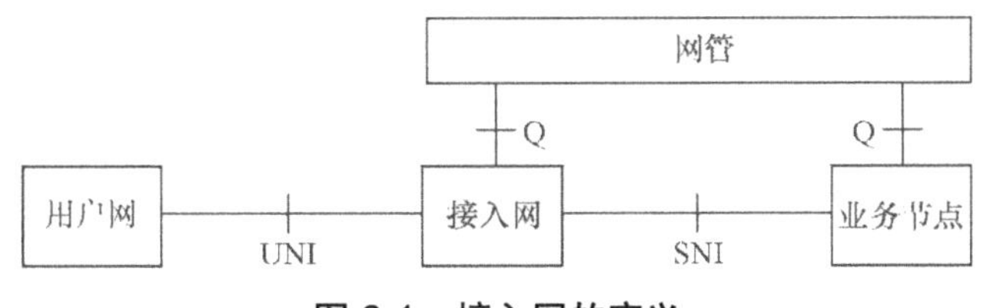

图 6-1　接入网的定义

国际上电信、计算机和有线电视技术趋向融合。与传统的电信网不同，有的接入网无需与核心网相连而在本地直接连到业务节点（SN）自成系统，如有线电视网仅需与本地的前端机相连即可组成接入网。因此，通用接入网可以定义为：接入网是业务节点接口（SNI）和相关用户网络接口（UNI）之间的一系列传送实体（如线路设施和传输设施）所组成的为传送信息业务提供所需传送承载能力（如传输、复用、交叉连接等）的实施系统，这个系统可通过网管系统经由 Q3 接口进行配置和管理。

用户网（UN）可以是用户终端或用户驻地网，业务接点（SN）可以是交换设备、前端机、各种数据库或光盘库等。UNI 是用户网接口，SNI 是业务节点接口。

传统的接入网接入方式是铜线接入，其 SNI 不开放，这种接入方式仅能支持普通电话业务和低速数据业务。近几年接入网主要采用光纤为传送媒质，其中无源光网络技术已经成为宽带接入的主流技术。

6.1.2　接入网的物理参考模型

接入网的参考模型如图 6-2 所示。其中灵活点（FP）和配线点（DP）是非常重要的两个信号分路点，对于传统的用户线，大致对应用户线的交接箱和分线盒，对于用户光纤接入线路，大致对应于用户光纤交接箱和无源光分路器。在实际应用配置时，可以有各种不同程度的简化，最简单的一种就是用户与端局直接相连，这对于离端局不远的用户是最为简单的连接，但在多数情况下是介于上述两种极端配置方式之间。

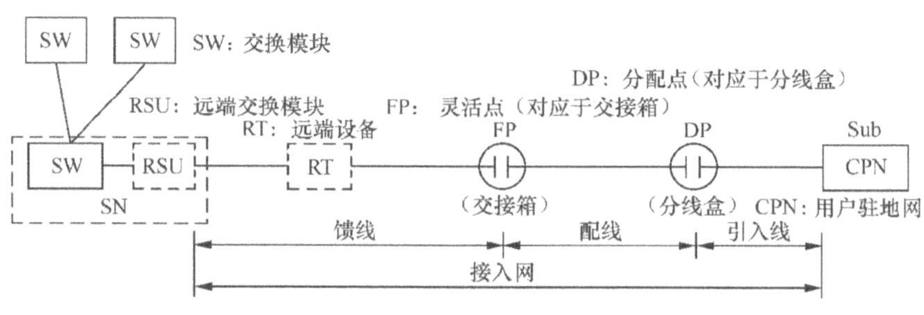

图 6-2　接入网的参考模型

6.1.3　接入网功能块

接入网功能块如图 6-3 所示。在接入网中包括各种功能块，主要有业务口功能块、用户口功能块、核心功能块、传输功能块和管理功能块。其中业务口功能块的主要作用是将特定的 SNI 规定的要求与公共承载通路相适配以便核心功能块处理，负责选择有关的信息以便在系统管理功能中进行处理。用户口功能的主要作用是将特定的 UNI 规定的要求与核心功能和管理功能相适配。核心功能处于用户口功能和业务口功能之间，其主要作用是负责将个别用户口承载通路或业务口承载通路的要求与公用传送承载通路相适配。传输功能由传输系统实现，传输系统是为接入网中不同地点之间公用承载通路的传送提供通道，也为公用传输媒质提供适配功能。

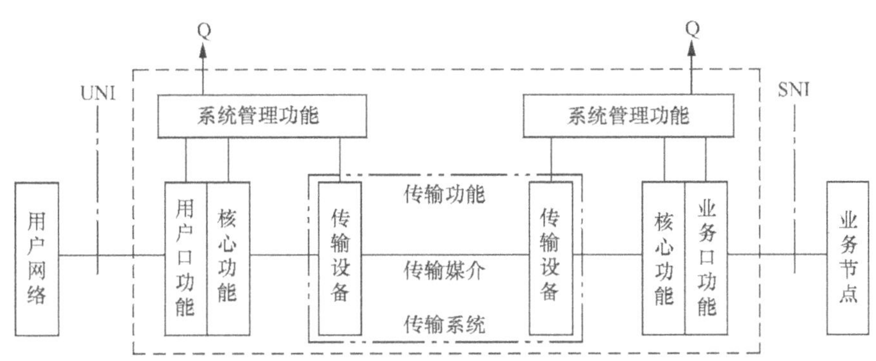

图 6-3　接入网功能块

6.1.4　有线接入技术划分

接入网按传输介质分为有线接入网和无线接入网。有线接入网可以用铜缆接入、光纤与同轴混合接入（HFC）、电力线通信技术和纯光纤接入；无线接入网按用户终端则可划分为固定无线接入网和移动无线接入网。

用户接入从广义上讲，大体分为三种客户接入：个人用户接入、家庭客户接入、专线客户接入（又称为政企客户接入或者集团客户接入）。个人用户接入目前主要采用无线接入的方式，如 2G/3G/4G/WLAN/WiMAX 方式，具体参见相关移动通信章节。家庭客户接入包括 xDSL、HFC、PLC 以及目前处于热点的 PON 技术。专线用户接入，由于对业务的带宽、可靠性、可管理性、服务等级（SLA）等高要求，以及其他需求（如构建企业的 VPN），从而具有其特殊性，一般采用 SDH/MSTP、MSAP 以及小型化 IP 传输（如 PTN）等网络技术。

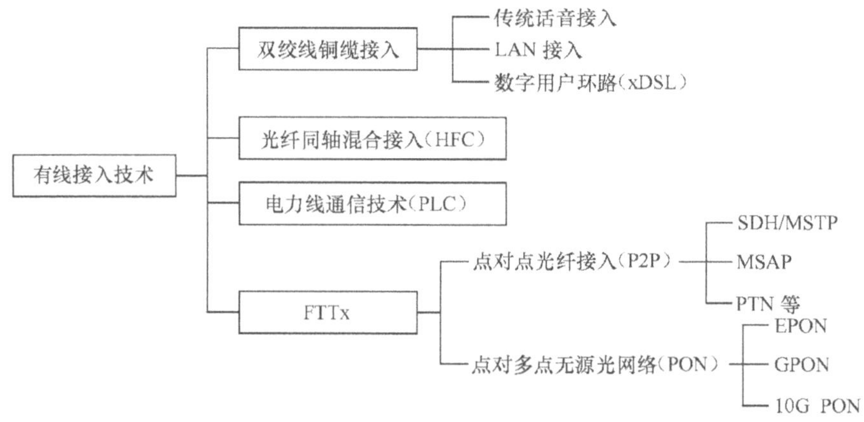

图 6-4　有线接入技术划分

6.1.4.1　数字用户环路（xDSL）

数字用户线（DSL）是基于普通电话线的宽带接入技术，它在同一对铜线上分别传送数据和语音信号，数据信号并不通过电话交换设备，从而减轻了电话交换机的负担。xDSL 中的"x"代表各种数字用户线技术，如不对称数字用户线（ADSL）、高速数字用户线（HDSL）和高速不对称数字用户线（VDSL）等，它们的主要区别在于上下行链路的对称性以及传输速率和有效距离有所不同。

通过挖掘铜缆潜力，其技术的发展路径为 ADSL → ADSL2+ → VDSL2 → VDSL2 Vectoring → G.fast。光纤与铜缆的有机结合是充分利用现有资源，提供高带宽业务的有效方式，其中 FTTdp+ G.fast 是近期欧美运营商关注的热点。

6.1.4.2　LAN 接入

建立在 5 类线基础上的以太网接入方式，是指驻地网通过一般的网络设备，如交换机，集线器等，将同一幢楼内的用户连成一个局域网，再与外界光纤主干网相连。这种接入方式基本不存在带宽速率的瓶颈问题，与将来三网合一、全 IP 网络紧密结合，具有很大的发展空间。但由于以太网本质上是一种局域网技术，其距离限制更严重，通常只能覆盖 100m，这就使得 LAN 的应用场合只能局限于用户集中地，当用于公用电信网的接入领域时，在认证计费和用户管理、用户和网络安全、服务质量控制、网络管理等方面需要发展和完善。

6.1.4.3　光纤同轴混合技术

光纤与同轴混合接入（HFC）主要用于有线电视网数据传输。其中 Cable Modem 利用 64QAM 技术，可在单一的电视频道提供 30Mbit/s 的下行数据速率，亦可利用 256QAM 将速率提升至 40Mbit/s。从用户端的上行通道可以利用 QPSK 或 16QAM 调制技术提供 320kbit/s ～ 10Mbit/s 的速率。上行和下行带宽由连接到缆线网络区段上的使用者共享。

6.1.4.4　电力线通信技术

电力线通信（Power Line Communication，PLC）技术，是指从配电变压器（10k/380V）低压侧至居民用户室内电源插座 220V 电力线上实现高速数据和话音通信的技术。该技术不需要重新布线，在现有电线上实现数据、语音和视频等多业务的承载，也就是实现四网合一。PLC 利用 1.6 ～ 30MHz 频带范围传输信号，终端用户只要插上特制的电源插头，就可以实现因特网接入。在发送时，利用 GMSK 或 OFDM 调制技术将用户数据进行调制，然后在电力线上进行传输；在接收端，先经过滤波器将调制信号滤出，再经过解调就可得到原通信信号，目前可达到的通信速率依具体设备不同在

4.5 ～ 45Mbit/s。

6.1.4.5　光纤接入 FTTx

FTTx 的实现方式有两大类：点到点（P2P）有源光网络和点到多点无源光网络（PON）。

P2P 通常是指采用光信号的点到点传输方式，从局端或远端机房到每个用户都用一对或一根独立的光纤，局端和用户端各需要一个传送实体。高端如政府、银行等对传送要求比较高的场景，一般采用 SDH/MSTP、小型化 PTN 等技术，其他普通大型企业组网采用 MASP、光纤收发器等技术。

目前 PON 技术主要有 EPON、GPON 以及 10G PON（包括 10G EPON、10G GPON），其主要差异在于采用了不同的二层技术。

对于有线接入技术，今后通信建设的主流和热点将会转入到基于 PON 的 FTTx 上来，后续章节将详细介绍无源光网络技术。

6.2　PON 系统架构及关键技术

6.2.1　PON 系统简介

PON 系统的基本组成包括光线路终端（OLT）、光配线网（ODN）、光网络单元（ONU）三大部分，有三种主要逻辑接口，即业务节点接口（SNI）、用户网络接口（UNI）和网络管理接口（NMI），如图 6-5 所示。

OLT 的作用是为 PON 系统提供网络侧与本地交换机 / 路由器或本地内容服务器等设备之间的接口，并经一个或多个分配点与用户侧的 ONU 通信，OLT 与 ONU 的关系为主从通信关系。OLT 通过 SNI 连接到业务节点（SN）。PON 系统通过 NMI 接口连接管理网（MN）。

　　ONU 的作用是为 PON 系统提供用户侧与用户端设备之间的接口并与 OLT 通信，实现用户端口功能、业务的复用 / 解复用、传输复用 / 解复用功能、ODN 接口功能以及必需的 OAM 功能。ONU 通过 UNI 为用户提供业务接口，一般对于 FTTH 应用场合，ONU 又称为 ONT，本书中将 ONU 和 ONT 统称为 ONU。

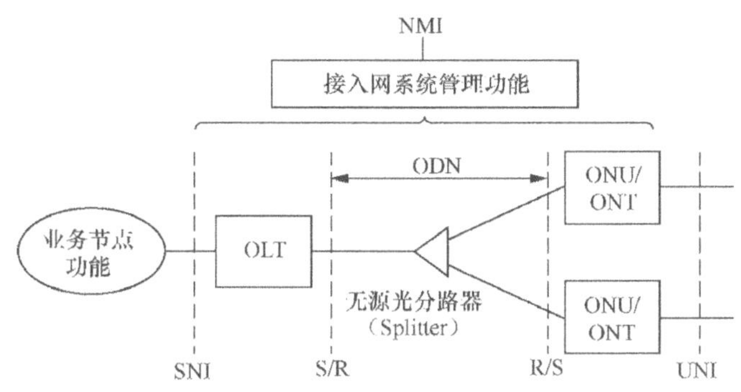

图 6-5　PON 系统功能结构示意

　　光配线网（ODN）是 PON 系统中 OLT 和 ONU 之间的光线路子系统，为 OLT 与 ONU 之间提供光传输通道。ODN 由光纤光缆及无源光分路器等无源光器件组成。

6.2.2　PON 技术分类

　　从 20 世纪 90 年代开始，PON 技术经历了不成功的窄带 PON 和基于 ATM 的无源光网络（APON/BPON，ITU-T G.983）。现在应用比较广泛的主要包括以太网无源光网络（EPON，IEEE802.3ah）、具有 Gbit/s 传送能力的无源光网络（GPON，ITU-T G.984）以及 10Gbit/s 速率的 PON 技术。

6.2.2.1　以太网无源光网络

　　EPON 技术由 IEEE 802.3 EFM 工作组进行标准化，并发布了 EPON 的标准 IEEE Std. 802.3ah—2004。IEEE802.3ah 在保留传统以太网体系结构基

础上定义了一种扩展的 MAC 多点控制协议（MPCP），作为 EPON 数据链路层协议，实现在点到多点无源光网络中的以太网帧的时分多址接入。EPON 支持上下行对称 1.25Gbit/s 速率，支持 10km 和 20km 两种最大传输距离，支持的用户分支数普遍为 32。

目前，我国已发布了 YD/T 1475—2006《接入网技术要求——基于以太网方式的无源光网络（EPON）》、YD/T 1771—2008《接入网技术要求——EPON 系统互通性》等通信行业标准。在市场的推动下，国内主流 EPON 产品在 OAM、QoS、业务支持、安全性等方面都得到了加强。

EPON 系统具有技术简单、成本低、速率高、可扩展性强，对数据业务的适配效率高等优点，能够以较低成本高效率地传送 IP 业务。目前在国内得到了以中国电信为代表的运营商的规模应用，并且呈现出规模逐年递增的发展态势。

6.2.2.2　具有 Gbit/s 传送能力的无源光网络

GPON 技术是一种运营商驱动的解决方案，由 FSAN/ITU 提出并标准化，形成 ITU G.984.x 系列标准。GPON 技术的目标是形成传输速率更高、能高效承载多种业务（包括实时业务、数据业务等）并具有强大 OAM 功能和扩展能力的宽带 PON 技术。GPON 标准引入了一个新的传输汇聚（TC）子层，并规定 TC 子层可以采用 ATM 和 GEM 两种封装方式。GEM 方式采用 ITU-T G.7041 定义的 GFP（通用成帧规程）用于多种业务的映射封装，ATM 方式是对现有 BPON 的扩展，使之能够达到 1.25Gbit/s 及以上的速率。

GPON 采用了 125μs 的帧长及定时机制，能够比较容易地支持 TDM 业务和话音业务。GPON 可以支持 622Mbit/s、1.25Gbit/s 和 2.5Gbit/s 上下行对称速率或非对称速率，支持 10km 和 20km 两种最大传输距离，支持的用户分支数可达 64 甚至 128。

GPON 除了支持更高的速率和更大的分路比外，综合业务接入环境下的总传输效率高，而且能够很好地承载 TDM 业务和话音业务，信号传输时延和抖动能够得到保证，而且提供丰富的 OAM&P 功能和良好的扩展性。

目前 GPON 产业链已基本健全。国内主流 PON 产品大多是 EPON 和 GPON 共 OLT 平台、共网管，也为 GPON 的规模应用提供了有利条件。国内外运营商已开始进行了 GPON 试商用或者商用，从技术和产业状况等各方面来看，GPON 都具有良好的发展前景。

目前，EPON 和 GPON 两种主流 PON 技术标准体系分庭抗礼，两者难以实现互通，下一代 PON 技术有望加强两者之间的融合，这将更加有利于 PON 技术的长远发展和应用。

6.2.2.3　10Gbit/s 速率的 PON 技术

从 2005 年开始，IEEE 就开始了下一代 10Gbit/s EPON 技术的研究和标准化工作，2009 年 9 月，IEEE Std. 802.3av—2009 即 10Gbit/s 以太网无源光网络（10G EPON）标准正式发布。10G EPON 系统采用了更高速率的传输技术，显著提高了系统的下行传输能力。IEEE 802.3av 规定了 10Gbit/s 下行、1Gbit/s 上行的非对称模式（10/1G BASE-PRX）和 10Gbit/s 上下行对称模式（10G BASE-PR）两种速率模式。

关于 10Gbit/s PON 技术的要求，GPON 的标准制定组织 FSAN 主要目标集中在制定可兼容目前 GPON，能够共享同一个 ODN 的 10G GPON 技术标准。目前，10G GPON 有两种交流的标准：下行 10Gbit/s、上行 $N×2.5$Gbit/s 的非对称系统 XG-PON，上下行对称 10Gbit/s 的 XGS-PON，FSAN 和 ITU-T 全面定义了包括 OAM 在内的各层规范。

其中 10G PON 中上、下行波长分别选用 1270nm 和 1577nm，究其原因，这两个波长能够轻松地实现 WDM 共存方案。在此方案中，无源光分离器能够复用现有和新建的系统，ONU 的闭塞滤波器能够有效地防止干扰。与此同时，也考虑了一些非线性光效应（主要是拉曼串扰）的影响，对于 10G PON 系统而言，这些光效应影响是可控的。

6.2.3　EPON/GPON 技术原理和特点

6.2.3.1　工作原理

EPON/GPON 采用不同的波长，实现单纤双向传输，其工作原理如图 6-6 所示。

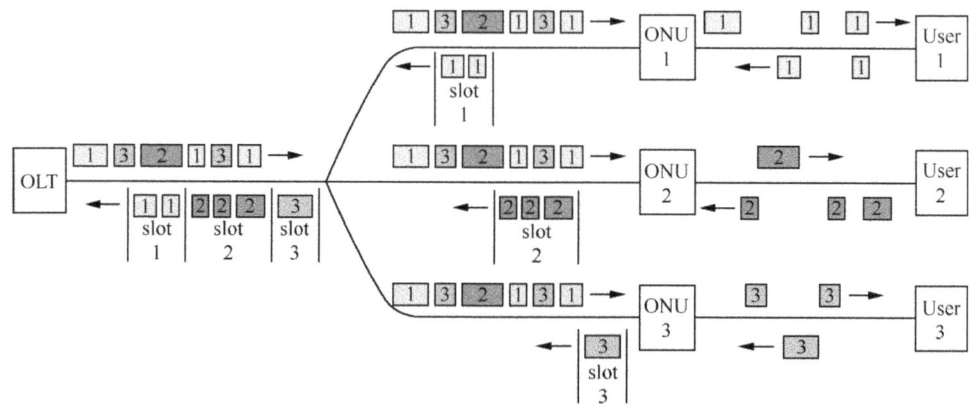

图 6-6　EPON/GPON 系统工作原理

下行标称波长为 1490nm。OLT 发送的混合数据广播到每个 ONU，通过过滤机制，ONU 仅接收属于自己的数据帧。

上行标称波长为 1310nm。上行方向通过 TDMA 方式进行业务传输，ONU 根据 OLT 发送的带宽授权发送上行业务，每个 ONU 在 OLT 允许的时间段内向 OLT 发送数据，无需冲突检测。

还可以叠加第 3 波（标称波长 1550nm）用于承载 CATV 业务。

基于上述工作原理，EPON/GPON 系统采用了关键技术手段解决如下问题。

（1）测距、同步

系统需补偿因 ONU 和 OLT 距离不同产生的时延差异，以及通过测距解决 ONU 注册冲突的问题。

（2）**突发发送和接收**

上行信号采用 TDMA 方式工作，这就要求在 ONU 和 OLT 中使用支持突发信号的光器件。由于 OLT 接收到的信号为突发信号，OLT 必须能在很短的时间内实现相位同步，进而接收数据。

（3）**用户安全**

下行信号采用广播方式由所有 ONU 共享，因而 OLT 与 ONU 需协同对下行数据流进行加密。

（4）**动态带宽调整**（DBA）

根据业务的优先级，系统需对每个 ONU 设置 SLA，对业务的带宽进行限制，OLT 需根据业务流量、SLA 及 ONU 的实际情况进行带宽授权，优先级高的可得到更高的带宽分配率，满足业务需求。

6.2.3.2　技术优势

（1）**高带宽**

EPON/GPON 在组网应用时，可以提供比 xDSL 等传统接入技术更高的带宽，较好地满足业务发展需要。

（2）**低成本**

与 MSTP 技术相比，EPON/GPON 实现光纤接入具有显著的成本优势。与点到点光以太网技术相比，在接入用户具有一定规模时，采用 EPON/GPON 技术也具有相当的成本优势。

（3）**传输距离长**

EPON/GPON 最远可传输 20km，即便考虑实际组网应用时网络的复杂性以及维护余量，典型情况下也可以传输 5km 以上（EPON，1:32 分光）或 6km 以上（GPON，1:64 分光）。而无源光分路器的采用使得网络结构扁平化，减少了有源节点的部署，更利于网络实施和节省维护成本。

（4）**接入容量大**

与点到点光以太网技术相比，PON 采用点到多点技术，可以大大节省对光纤和局端基础资源（包括机房空间、电源负载等）的占用，有利于节能减排。

（5） **QoS 性能好**

EPON/GPON 是一个多业务平台，对不同业务带宽的分配和 QoS 保证都有一套完整的体系，可以根据需要对每个用户甚至每个端口实现基于连接的带宽分配，保证每个用户、每种特定业务连接的 QoS。

（6）**易维护管理**

采用 EPON/GPON 技术组网，传输距离长、接入容量大，可以有效减少网络中有源节点的数量；有效减少局端设备的端口数量，从而大大降低业务配置工作量。此外，OLT 与 ONU 可以统一管理，这些都降低了网络管理维护的难度。

6.2.3.3　EPON 与 GPON 技术比较

（1） **EPON 技术特点**

EPON 是基于以太网的协议，仅增加 MPCP 和扩展 OAM 协议，实现简单。以太网本身的价格优势，如廉价的器件和安装维护，使 EPON 较其他 PON 技术具有更低的成本。

EPON 二层技术采用以太网封装和传送，由于其将以太网技术与 PON 技术完美结合，因此非常适合 IP 业务的宽带接入，还可以升级到 10Gbit/s。

（2）**GPON 技术特点**

GPON 是在二层采用 ITU-T 定义的 GFP（通用成帧规程），对 Ethernet、TDM、ATM 等多种业务进行封装映射，并具有强大的 OAM 功能，在高速率传送和多业务承载上，具有明显优势。

① GPON 支持上下行速率配置多样

虽然 GPON 和 EPON 都工作在 Gbit/s 等级，但 EPON 只能提供上下行对称的 1.25Gbit/s 速率配置方式。而 GPON 的速率等级制定受 SDH 技术的影响，支持下行 1.244/2.488Gbit/s，上行 155Mbit/s/622Mbit/s/1.244Gbit/s/2.488Gbit/s 共 7 种对称与非对称速率配置（不支持下行 1.244Gbit/s，上行

2.488Gbit/s 配置），针对具体需求采用非对称的网络配置可以降低 ONU 的光器件成本。

② GPON 的 TDM 业务承载能力强

GPON 的帧周期是 125μs，因而 TDM 业务的时延和时延抖动比较容易控制。另外，GEM 的封装方式对 TDM 业务的适配是简单高效的。

③ GPON 数据业务承载效率高

GPON 数据业务承载高效性体现在它支持在 PON 上分片传送，而 EPON 技术在上行时隙中剩余时间不足以封装整个帧时，势必会导致填充无效字节而浪费带宽资源。

④ GPON 支持的业务类型丰富

在 GPON 的复用结构中，支持 ATM 和 GEM 两种方式，因此，能支持 TDM、以太网、ATM、租用线以及其他业务。而 EPON 技术解决了以太网在 PON 上点对多点通信机制问题，对以太网以外的业务缺乏支持能力或能力不足。

⑤ GPON 提供不同服务质量保证的服务

GPON 中明确定义了 4 种服务质量等级：固定带宽、保证带宽、非保证带宽、尽力而为带宽，并且通过 DBA 机制实现上述 4 种服务质量保证。而 IEEE 802.3 对 EPON 的 QoS 机制并未规范。在中国电信的 EPON 企业标准中，要求支持基于 ITU-T Y.1291 的 QoS 机制。

⑥ GPON 的 OAM 功能完备

GPON 嵌入 OAM 和 PLOAM 工作在 TC 层，对网络的控制管理实时性高，且功能完备，直接实现了 TDMA 的控制功能，体现了电信级的设计思想。而 EPON 的 OAM 实际上工作于 MAC 层之上，其功能的实现依赖于底层 MPCP 的正确工作以向 OAM 层提供 TDMA 传送能力。

⑦ GPON 的标准化程度高

因为 IEEE802 委员会中工作组的任务分工不同，在 PON 中诸如 QoS、DBA、数据加密、业务协商等关键问题不在 802.3ah 中规范，802.3ah 只为以上功能提供一种实现的机制。因此，在设备实现上存在许多厂商私有的技术方案；而 GPON 在上述问题上的标准化程度高一些，如明确了 QoS 等级、加密算法等内容。

GPON 与 EPON 标准的主要区别见表 6-1。

表 6-1　EPON 与 GPON 的比较

项目	EPON（IEEE 802.3ah）	GPON（ITU-T G.984）
速率	上下行对称 1.25Gbit/s	下行 2.5/1.25Gbit/s，上行 2.5/1.25Gbit/s，对称或非对称
分路比	32（最大可达 64）	64（最大可达 128）
传输距离	最大 20km/ 典型 5km（1:32 分光）	最大 20km/ 典型 6km（1:64 分光）
帧格式	对传统以太网帧的前导码进行扩展	周期为 125μs 的 TDM 帧，采用 GEM 或 ATM 封装
业务类型	以太网，电路仿真支持 TDM	TDM、以太网、ATM、租用线以及其他业务
QoS 保证能力	缺少明确的 QoS 规范；中国电信的企业标准要求 EPON 支持基于 ITU-T Y.1291 的 QoS 机制	明确定义了 4 种服务质量等级：固定带宽、保证带宽、非保证带宽、尽力而为带宽，通过 DBA 机制实现
下行数据安全性	标准中未规定，普遍采用 AES-128 或三重搅动	规定采用 AES-128，并明确是 CTR 模式
协议复杂性	简单（基于以太网的协议，仅增加 MPCP 和 OAM 协议，实现简单）	复杂（借鉴了 SDH 的原理，采用 125μs 的帧结构，设置了较多的帧开销，复杂度很高）

6.2.3.4　通用型 ONU

长久以来，不同 PON 设备商之间的设备互通难题是一直困扰 PON 规模发展的一个重要原因，国内运营商在多个试点和互通测试的基础上开展通用型 ONU 研究并推动相关互通技术规范、标准的落地，实现了主流厂商之间的 OLT 和 ONU 都能够顺利互通，确保能够进一步降低设备成本，助力 FTTH 规模部署。

6.3　组网及应用

6.3.1　PON 应用模式

根据接入光纤到用户的距离分类，PON 可应用于光纤到交接箱（FTTCab）、光纤到大楼 / 路边（FTTB/C）、光纤到办公室（FTTO）及光纤到户（FTTH）4 种服务形态，统称为 FTTx。

PON 的各种应用模式如图 6-7 所示。

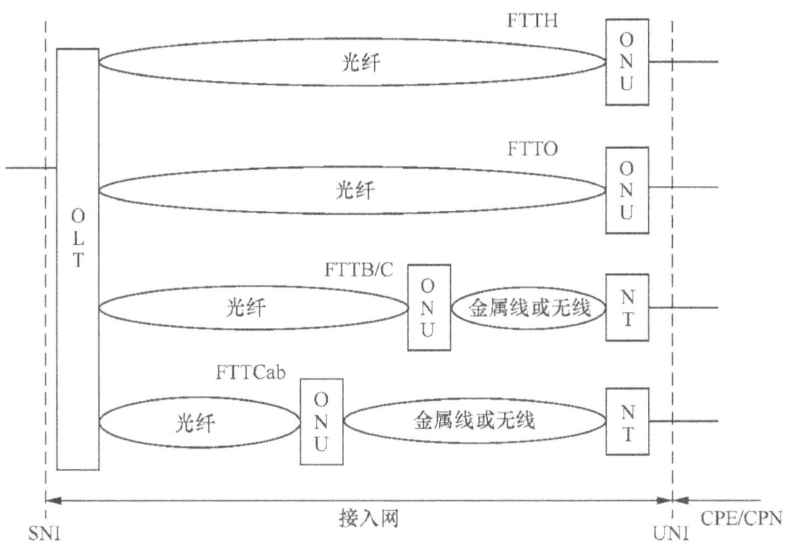

图 6-7　PON 系统的应用模式示意

6.3.1.1　FTTH 模式

对于 FTTH 模式，光纤直接到户，ONU 安装在用户家里，可有两种方案提供业务接入。

方案 1：ONU 直接提供各类用户业务接口，如 POTS、FE、Wi-Fi 等。

方案 2：ONU 下挂家庭网关，由家庭网关实现各种业务接入及家庭组网。

方案 1 只需在用户家里安装 1 套终端设备，更有利于工程实施和网络维护。发展趋势是 ONU 内置家庭网关，由 ONU 实现家庭网关功能。

FTTH 应用模式如图 6-8 所示。

6.3.1.2　FTTO 模式

对于 FTTO 模式，光纤直接到办公室，ONU 安装在办公室内，适合中小企业应用，有两种方案提供业务接入。

方案 1：ONU 直接提供各类用户业务接口，如 POTS、FE、E1、Wi-Fi 等。

方案 2：ONU 下挂企业网关，由企业网关实现业务接入。

方案 1 是一种低成本方案，且简单易行，适合业务需求单一的中小企业；方案 2 则由功能更为丰富的企业网关实现诸如宽带、话音安全、信息化等综合业务，PON 只是提供一个承载通道。

FTTO 应用模式如图 6-9 所示。

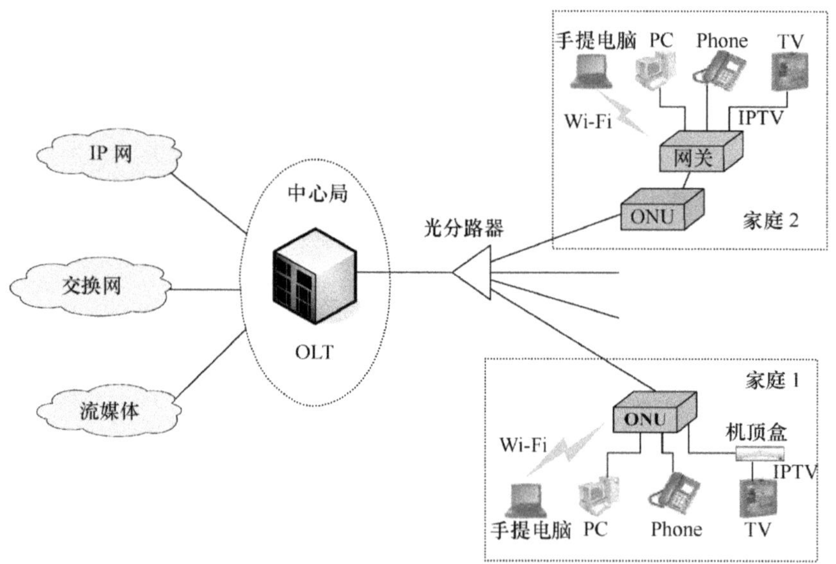

图 6-8　FTTH 应用模式示意

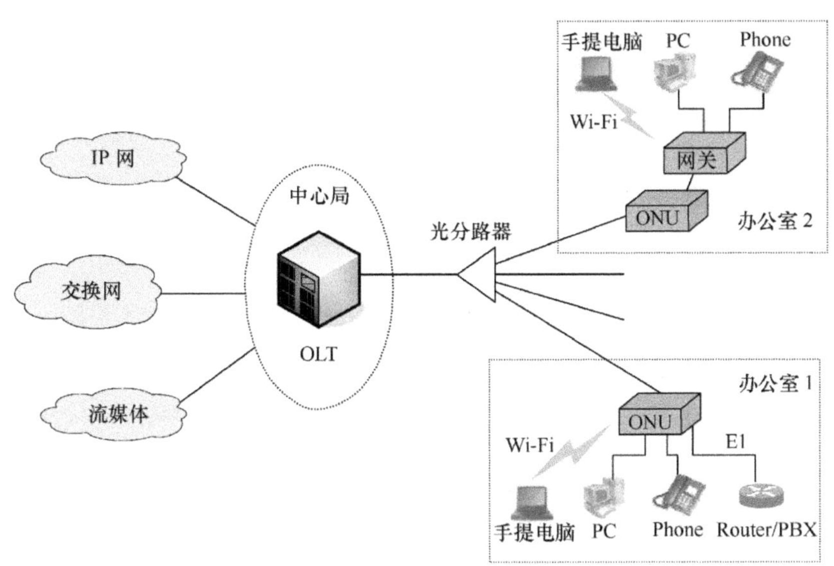

图 6-9　FTTO 应用模式示意

6.3.1.3　FTTB/C ＋ LAN/xDSL 模式

光纤到达大楼或者路边，实现 FTTB/C，并通过铜缆（双绞线 /5 类线 / 同轴缆等）入户，或采用无线方式实现用户业务接入。一般 FTTB 的铜缆距离不超过 100m，FTTC 的铜缆距离不超过 300m。

对于 FTTB/C 模式，单个 ONU 节点用户容量不大，ONU 一般安装在楼宇综合配线箱或室外机柜内，不需设置专用接入机房，可以大大降低实施成本。

对于 FTTB 模式，FTTB+LAN 的成本相对要低于 FTTB+xDSL，且可以提供更高的接入带宽，因而 FTTB 模式主要采用 LAN 方式提供宽带接入。而对于 FTTC 模式，由于铜缆距离一般大于 100m，因而主要采用 XDSL 方式提供宽带接入。目前，FTTB/C+VDSL2 模式因其可提供较高的用户接入带宽而成为固网运营商关注的重点应用之一，特别是对于已有双绞线入户的现有区域宽带提速改造。

FTTB/C 模式实现业务接入有如下两种方案。

方案 1：ONU 内置用户业务接口（如 POTS、LAN/xDSL 等），一般单个 ONU 可接入数十个用户的宽、窄带业务。或由 ONU 提供单个以太网口，通过下挂用户接入设备（如 IAD、DSLAM / LAN 交换机等）实现用户业务接入，如图 6-10 中的用户 1 接入方案。

方案 2：ONU 内置或下挂 DSLAM / LAN 交换机，并通过用户网关（家庭网关或企业网关）实现用户综合业务接入。此种方案，PON 系统仅提供用户网关接入的承载通道，如图 6-10 所示的用户 2 接入方案。

需要指出的是，在对已有铜缆接入区域进行光进铜退改造时，窄带话音业务仍可由原有语音交换机实现接入，即"光进铜不退"，PON 系统仅用于提供宽带业务。

此外，对于广电网络已有同轴电缆入户的区域，可以结合 EOC（Ethernet Over Coax）技术，在同一根同轴电缆上同时传送有线电视视频信号和 IP 数据信号，如图 6-10 所示的用户 3 接入方案。

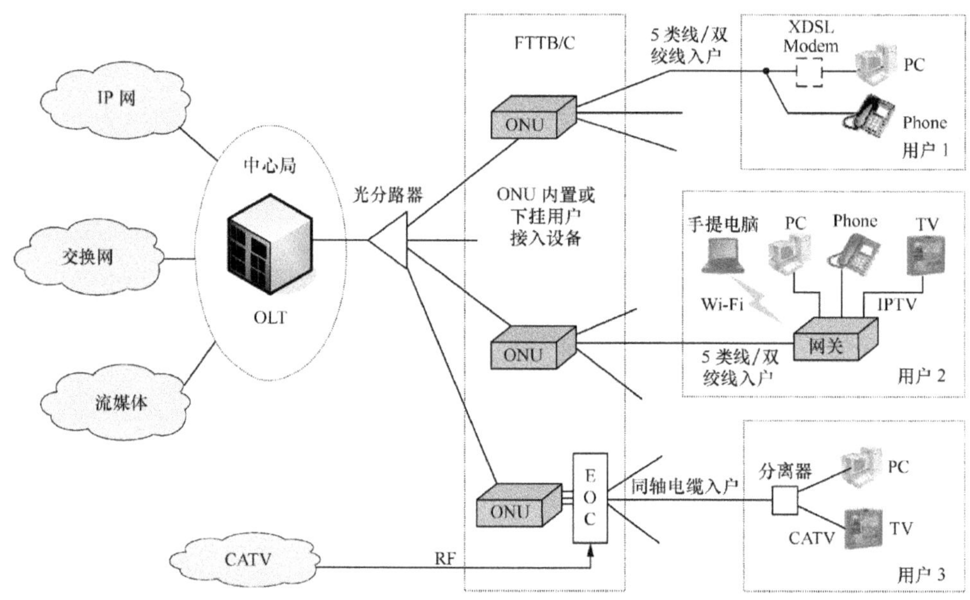

图 6-10　FTTB/C 应用模式示意

6.3.1.4　FTTCab+xDSL 模式

FTTCab 有时也称为 FTTN，即光纤到接入节点，此种模式一般将铜缆距离限制在 1km 之内，一般单个 ONU 节点接入用户规模在 100 ～ 300。

对于 FTTCab 模式，通常采用室外机柜安装 ONU 设备，一般室外机柜靠近电缆交接箱安装，或者采用室外机柜同时安装 ONU 设备和电缆配线模块。

对于 FTTCab 应用模式，宽带接入主要采用 ADSL2+ 技术。根据话音提供方式的不同，可有如下几种接入方案。

方案 1：ONU 内置用户业务接口（POTS、ADSL2+），直接实现用户业务接入。或由 ONU 提供单个或数个以太网口，通过下挂 IAD/ 小型 AG ＋ DSLAM 实现用户业务接入，如图 6-11 中的用户 1 接入方案。

方案 2：ONU 内置或下挂 DSLAM，并通过用户网关（家庭网关或企业网关）实现用户综合业务接入。此种方案，PON 系统仅提供用户网关接入的承载通道，如图 6-11 中的用户 2 接入方案。

方案 3：ONU 内置或下挂 DSLAM，给用户提供宽带接入；窄带话音由中心局语音交换机提供接入。此方案常用于"光进铜不退"的现有铜缆接入区域实现宽带提速，如图 6-11 中的用户 3 接入方案。

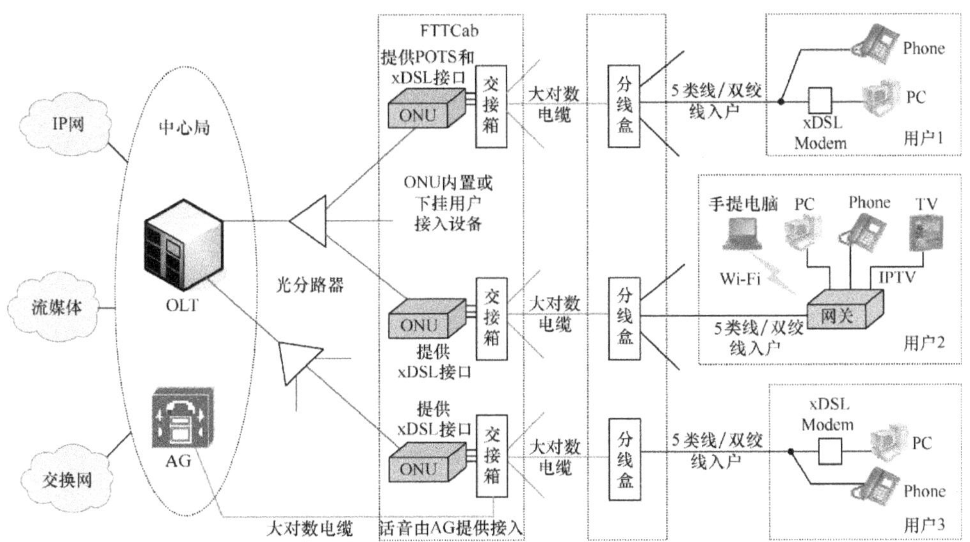

图 6-11　FTTCab 应用模式示意

6.3.2 业务承载方式

6.3.2.1 业务承载思路

PON 系统可同时承载包括 Internet 上网、VoIP 语音、IPTV 视频、TDM 数据专线、以太网专线、基站回传等业务在内的多种业务，实现全业务承载，此外，还可通过三波方案承载 CATV 业务，实现"三网融合"。

图 6-12 为 PON 系统典型组网方案。对于以太网 /IP 类业务，OLT 直接上联 IP 城域网的 BRAS/SR 设备（某些场合，OLT 可先经汇聚交换机进行二层汇聚之后上联 BRAS/SR），由 BRAS/SR 实现业务接入网关功能，接入各业务网络。对于专线租赁网络，可通过 SR 进行相应的 VPN 组网。PON 系统承载 TDM 类业务，OLT 还需通过 TDM 接口上联相应的网络设备（ATM/FR/DDN/SDH 等）。

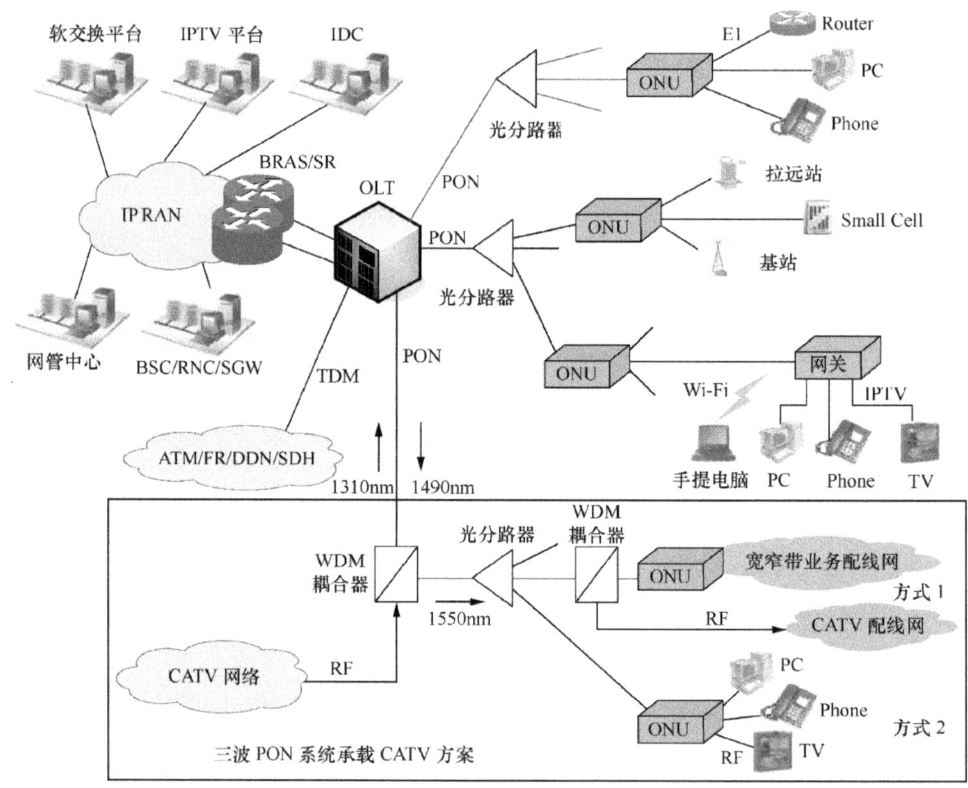

图 6-12　PON 系统典型组网示意

PON 系统内基于 VLAN 模型区分各 IP 类、TDM 等业务，并结合 QoS 机制，使运营商可为不同客户群提供差异化服务和精细化管理。

根据运营商的运营需求和 IP 城域网状况，可灵活采用 PUPV、PUPSPV 等 VLAN 配置方式进行业务区分和运营。PUPV 为每用户每 VLAN，即一个家庭所有业务共存于一个 VLAN；PUPSPV 为每用户每类业务每 VLAN，即以家庭为单位每类业务一个 VLAN。对于 PUPV 方式，用户内部的不同业务根据 802.1p CoS 值或业务 Session 进行区分；PUPSPV 则根据 VLAN 区分用户和业务。

6.3.2.2　业务实现方式

（1）Internet 上网业务

对于 PON 系统，Internet 上网业务的接入与传统的 LAN/xDSL 接入用户相同，用户的认证、计费、管理等功能由 BRAS/SR、RADIUS 等设备完成，认证方式一般采用 PPPoE。BRAS/SR 作为 PPPoE 网关，终结二层 VLAN 信息。

（2）话音业务

PON 系统采用 VoIP 的方式承载话音业务。PON 系统通过在 ONU 上内置 IAD 功能模块或外挂独立式 IAD 设备提供窄带话音业务，支持的协议可以是 SIP、MGCP 或 H.248 等，视交换核心网要求而选用相应协议。OLT 网络侧可通过各种方式接入交换核心网，如在 IP 城域网内启用 MPLS VPN 与软交换核心网互通，OLT 通过 MSTP 或裸纤直趋等专线方式接入软交换核心网等。

（3）IPTV 业务

PON 系统具有的单拷贝广播（SCB）功能适合宽带视频业务的开展。IPTV 视频包括直播和点播（VOD）业务，视频直播采用组播技术实现，PON 系统支持组播 VLAN 复制功能，可保证组播业务的高效开展。IPTV 业务规模发展时，一般需采用 IPoE 认证方式，可将组播复制点设置在 OLT 或 ONU 上。

（4）CATV 业务

PON 系统采用第三波（1550nm）承载 CATV 业务，直接利用 ODN 的波道提供视频传输通道，需要在 OLT 和 ONU 增加相应的 WDM 模块和 CATV

RF 接口，可有两种方式提供。

方式 1：ONU 不提供 RF 接口，在 ONU 之前通过外置 WDM 模块将 CATV 信号与 PON 信号流分离，一般在 FTTB/C 应用时可采用此方式。

方式 2：ONU 内置 RF 接口，一般 FTTH 应用时采用此方式。

采用 PON 系统承载 CATV 业务，工程规划设计时需考虑 WDM 模块引入的损耗对 PON 系统传输距离的影响。

（5）VPN 业务

PON 系统作为一种接入手段，与 IP 城域网及运营商的高等级 IP 网络相结合，可灵活实现二层、三层 VPN 业务。根据业务级别，可在 PON 系统内设置相应业务优先级提供 QoS 保证。

（6）TDM 业务

PON 系统一般采用 CESoP（分组网电路仿真业务）方式提供 TDM 业务接入，具体实现技术有两种，分别是 IETF 的 PWE3（伪线仿真）方式和 MEF 的 MEF8 方式。GPON 系统还支持 TDM over GEM 的 Native 方式接入 TDM 业务，把 TDM 数据直接封装到 GEM 帧净荷中进行传输。在网络接口侧，OLT 和 ONU 直接提供相应的 TDM 业务接口，或通过外接 TDM 业务仿真网关提供。

（7）基站回传业务

ONU 下行提供 FE 接口，支持最高速率可达 100Mbit/s，单个 ONU 平均传输速率可达 28Mbit/s，启用 QoS 功能后，可提供数十乃至百兆的速率，满足基站的回传承载需求。时延方面，OLT-ONU 之间能够达到上行小于 1ms，下行小于 100μs，同一 OLT 下两 ONU 之间小于 1ms 的要求。同时，PON 支持线路时钟、自适应时钟、IEEE 1588v2 报文恢复时钟等多种时钟同步方式及 NTP，可以提供高精确度的时钟、时间同步。

根据基站业务从何处汇入城域传输网络，PON 用于基站回传时存在如下两种组网模式。模式一：OLT 新增上联城域传输网汇聚层链路，基站业务从 OLT 上联接口汇入城域传输网，经现有城域传输网汇聚层、骨干层、核心层进入交换网络。模式二：城域数据网新增连接城域传输网核心层设备链路，所有基

站业务经城域数据网汇聚后通过城域传输网核心设备进入交换网络，需增加
网关设备实现对小基站业务的汇聚及城域数据网和城域传输网的安全隔离。

通过对 PON 在带宽、时延、频率同步、时间同步等性能指标，以及 QoS、
VLAN、可靠性等功能要求的分析，PON 系统可以满足 2G/3G/4G 基站回传的要求。

6.4　未来发展趋势

6.4.1　研究热点

用户接入网目前的研究热点是在宽带光接入（FTTx）领域。随着 FTTx
在全球的规模部署以及 FTTx 系统技术研究的逐步深入，目前在 FTTx 领域
的研究主要分为几个方面。

（1）对 FTTx 规模部署后带来的管理维护问题进行研究，如 FTTx 网络
光链路监测诊断。

（2）加强对更大容量宽带光接入技术的研究，如 WDM-PON、100G PON
等技术的研究。

（3）iODN 思路的提出。传统的 ODN 是一个无源网络，其每个节点设
备都是哑资源，iODN 的核心思想是在不改变 ODN 无源网络特性的前提下，
为网络增加一定的智能特性。

（4）动态可重构的智能 PON，支路的分光比具有波长敏感性，可通过选
择波长调整其分光比。

（5）随着 ADSL1/ADSL2+ 技术在全球的大规模成熟以及相关标准的日
益完善，DSL 的发展主要体现在 VDSL2、VDSL2 Vectoring、G.fast 等如何
提高系统传输性能、适应承载视频业务方面。其中国际电信联盟（ITU）已
经于 2014 年 12 月 5 日批准了 G.fast 宽带技术标准。这项批准使得 G.fast 可
以被广泛地使用，以寻求在现有铜线基础设施上、在混合技术宽带服务提供

的场景中，帮助服务提供商推出高达 1Gbit/s 的 DSL 网速。

在专线客户的接入方面，业界目前的热点主要集中在小型化分组传送网（PTN）、电信级以太网以及 MPLS VPN 技术。

6.4.2　下一代 PON 技术

2011 年 5 月，FSAN 组织运营商代表就 10G PON 系统关键技术达成一致意见，并提出了明确需求，标志着 40G PON 标准进入实质性讨论阶段，并命名为 NG-PON2。相比 10G PON，NG-PON2 系统技术选择性更大、更复杂，NG-PON2 的主要技术包括 TWDM PON 和 PtP WDM PON 两种。另外，个别设备厂商通过实验室样机验证了 100G PON 技术，支持 4×25Gbit/s 下行、4×10Gbit/s 上行，同时兼容现网 GPON/10G PON/40G TWDM-PON，能够帮助运营商实现面向未来的接入网络平滑升级。

PON 的演进有多种可能性，不论是 GPON/EPON 演进到 10G PON，再到 NG-PON2，还是直接跨越 10G PON 进入 NG-PON2，与现有 PON 的共存是未来演进的关键。

思 考 题

1. 接入网技术分为哪几个功能块？

2. 有线接入技术主要分为哪几种？

3. 简述 PON 系统的基本组成单元及各自的功能作用。

4. 简述 EPON/GPON 系统的工作原理。

5. 简述 EPON 与 GPON 的技术比较及各自的下一步技术演进方向。

6. 根据 ONU 安装位置的不同，PON 系统主要有哪些应用模式？

7. 简述 PON 系统的业务承载思路以及 Internet 上网业务、话音业务、IPTV 业务、CATV 业务的实现方式。